从领口开始的钩针编织

套头衫、开衫、环形编织的半身裙

日本宝库社 编著 蒋幼幼 译

河南科学技术出版社

·郑州·

树叶花样圆育克毛衣

树叶花样朝下摆方向逐渐放大，形成缓慢倾斜的效果。
这款设计的镂空部分比较多，用夏季线编织也很漂亮。

设计 / 柴田 淳　　用线 / 和麻纳卡 Exceed Wool FL（粗）

贝壳花样圆育克开衫

育克部分以贝壳针的 1 个花样为单位放大至扇形，身片和衣袖是整齐排列的小六边形花样。
橘红色开衫搭配木制纽扣，增添了温和的气息。

设计 / 林 久仁子　用线 / SKI 毛线 Tasmanian Polwarth

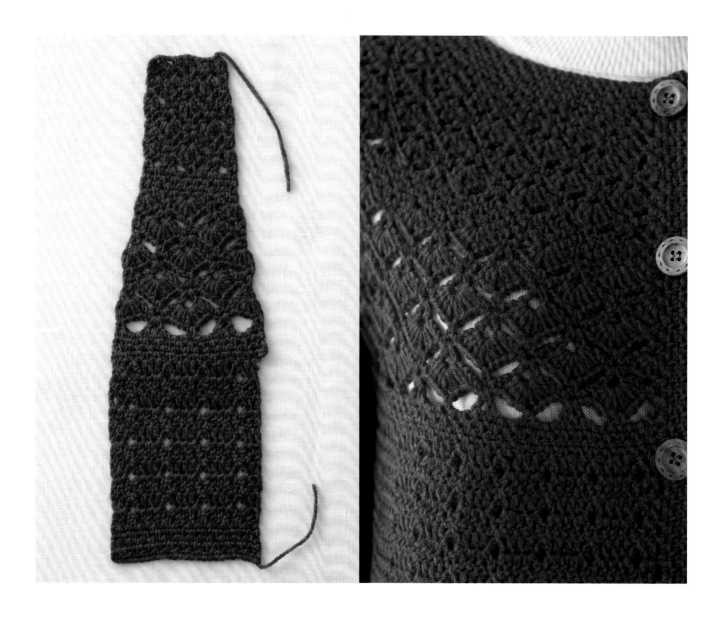

拉针交叉花样圆育克罩衫

这是一款五分袖毛衣，深绿色给人沉稳的印象。
育克部分是长针的拉针交叉花样，身片和衣袖切换成小巧的扇形花样，穿起来更加轻便。

设计／冈 真理子　制作／宫崎裕子　用线／SKI 毛线 Tasmanian Polwarth

制作方法 从领口往下编织的插肩袖毛衣

插肩袖是在身片与衣袖的4个交界处加针。
这里的加针位置就是插肩线。
下面以"**13 方眼花样插肩袖毛衣**"为例讲解编织方法。

● 毛衣的组成部分和名称

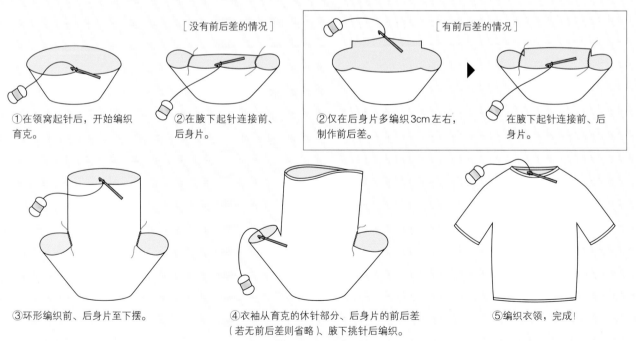

前面
插肩线
育克
右袖
胸围
腋下
左袖
前身片

后面　连肩袖长　插肩线
左袖　育克
腋下
右袖
衣长
后身片

* 编织顺序

从领口往下编织的毛衣分为插肩袖和圆育克两种。插肩袖毛衣是在身片与衣袖的交界处加针，圆育克毛衣是以育克的1个花样为单位逐渐放大。无论哪一种，编织要领都是相通的。下面就来看一下毛衣的编织步骤吧。

[没有前后差的情况]

①在领窝起针后，开始编织育克。

②在腋下起针连接前、后身片。

[有前后差的情况]

②仅在后身片多编织3cm左右，制作前后差。

在腋下起针连接前、后身片。

③环形编织前、后身片至下摆。

④衣袖从育克的休针部分、后身片的前后差（若无前后差则省略）、腋下挑针后编织。

⑤编织衣领，完成！

13　方眼花样插肩袖毛衣 图片 p.45

编织花样A

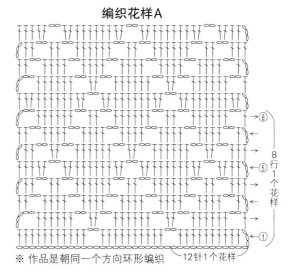

〈材料和工具〉
● 用线　芭贝 Alba 红色（5139）515g/13团
　　　　※在编织步骤详解中使用浅灰色（1092）、灰色（1094）
● 钩针　5/0号

〈成品尺寸〉
● 胸围　94cm [后身片（腋下1.5cm+从育克挑针部分尺寸44cm+腋下1.5cm）+
　　　　前身片（腋下1.5cm+从育克挑针部分尺寸44cm+腋下1.5cm）=94cm]
● 衣长　56.5cm [育克长19cm+胁边长（36.5cm+1cm）=56.5cm]
● 连肩袖长　73cm [领口宽20cm÷2+育克长19cm+袖长（43cm+1cm）=73cm]

〈编织密度〉
10cm×10cm面积内：编织花样A、B均为23针，11行
● 表示编织花样部分在10cm内有23针，11行

〈编织要点〉参照p.10的步骤编织

※作品是朝同一个方向环形编织

＊编织图的看法

本书编织图的绘制如右图所示，下方是
编织起点的育克部分，上方是前、后
身片，左、右两边是衣袖。数字后面的
c是cm（厘米）的缩写。（）内是针数
或行数，无法用针数表示的花样则标
注花样的个数。"○花"是"○个花样"
的缩写。↗

↘插肩袖的作品一边在插肩线的
左、右两侧加针一边环形编织。
身片和衣袖分别从育克接着做环
形编织。（有前后差的情况，往
返编织前后差。）

（270针）挑针
（短针）
117c（270针）
1c { 3行
前、后身片
（编织花样B）
分散加针（+54针）
36.5c（40行）

（短针）
（46针）挑针
20c（46针）
（-19针）
右袖
（编织花样B）
34c（78针）挑针
3c（6针）起针
（6针）挑针
从○
44c（102针）挑针
44c（102针）挑针
44c（102针）挑针
育克
（编织花样A）
34c（78针）（+31针）
34c（78针）（+31针）
（+31针）
18c（40针）
7c（16针）
（112针）起针
从○
3c（6针）起针
（6针）挑针
34c（78针）挑针
左袖
（编织花样B）
20c（46针）
（-19针）
（46针）挑针
（短针）
1c { 3行
43c（47行）
19c（21行）

＊编织密度的测量方法

虽然很想马上开始编织作品，但还是先往返编织一块样片吧，练手的同时可以记住
花样的编织方法。样片的大小约为15cm×15cm，测量一下密度，看看针目的大小
（密度）是否与书中作品一致。
钩针编织时，既有像长针和短针等针目排列整齐的花样，也有针目组合比较复杂的
花样。
整齐的花样只要测量10cm内有几针几行即可。而复杂的花样就要测量横向1个花
样有几厘米，纵向10cm内有几行。
试编样片的针数和行数如果多于指定密度内的针数和行数，表示针目太紧密了，可
以换成粗1号的针编织；如果少于指定密度内的针数和行数，表示针目太疏松了，
可以换成细1号的针编织，按此要领进行适当调整。

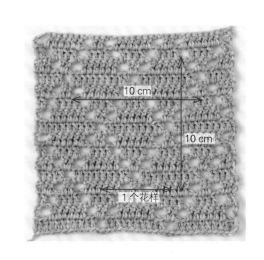

10 cm
10 cm
1个花样

1 编织育克

＊用锁针环形起针的方法

用相同的编织线钩织锁针并连接成环形，然后从锁针的里山挑针开始编织。
连接成环形时，使锁针的里山朝上排列，注意不要出现扭转。

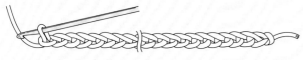

①钩织所需数量的锁针。

②在第1针锁针的里山插入钩针连接成环形。此时，注意锁针不要扭转。

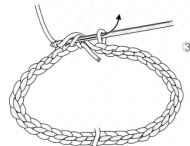

③挂线后引拔。

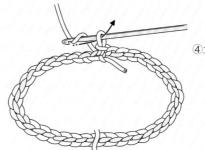

④立织1针锁针。

●在领窝起针

用相同的编织线、按正常的松紧度钩112针锁针，连接成环形。
接着立织3针锁针，第1行一边从锁针的里山挑针，一边按编织花样A编织。

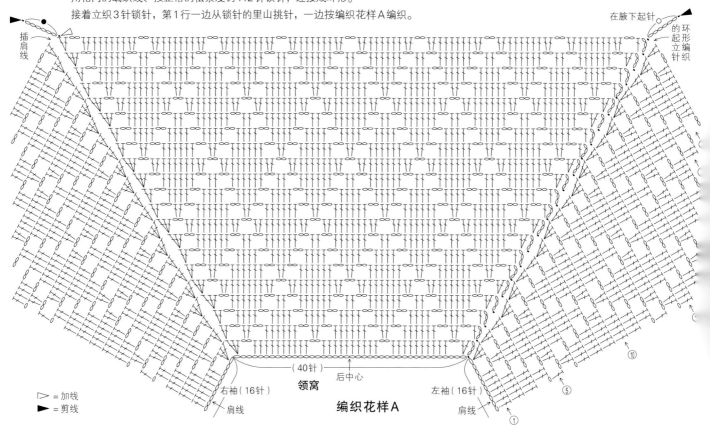

插肩线

在腋下起针

的环形立针编织

▷ = 加线
► = 剪线

右袖（16针）

领窝

（40针）

后中心

左袖（16针）

肩线

肩线

编织花样A

⑩

⑤

①

●环形编织的起立针

立织3针锁针，在引拔的同一个针目里挑针，钩入2针长针。接着按编织图在起针上挑针钩织一圈。在最后一针起针的里山挑针钩入3针长针，然后在立织的锁针上引拔，第1行就完成了。

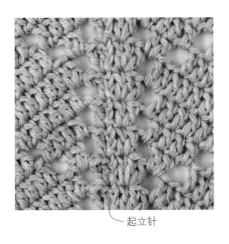

└ 起立针

●插肩线的加针

插肩线是在身片与衣袖的4个交界处，在其左、右两侧钩织长针均匀加针。注意加针位置编织第2、3行后，插肩线就会显现出来，接下来就简单多了。

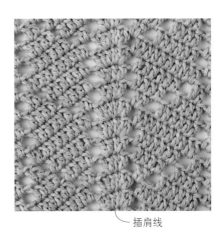

└ 插肩线

2 编织身片

育克部分编织结束后，将其分成身片和衣袖。（有前后差的情况，在育克的后身片部分编织指定行数。）

接着在胁部腋下钩锁针起针，将前、后身片连起来按编织花样B编织，最后钩织短针整理下摆。

●将育克分成身片和衣袖

将育克的最后一行分成前身片、后身片、左袖和右袖共4个部分。

在衣袖侧的针目里用线做上标记。

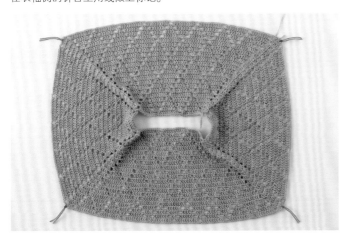

育克的展开图　将p.9编织图中育克部分展开后的状态

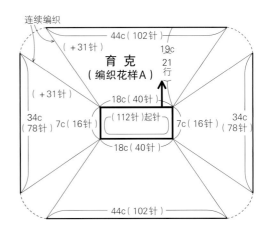

连续编织

44c（102针）
（+31针）
19c
育 克
（编织花样A）
21行
（+31针）
18c（40针）
34c（78针）
7c（16针）
（112针）起针
7c（16针）
34c（78针）
18c（40针）
44c（102针）

※调整尺寸的要领

胸围尺寸的调整　从领口往下编织的插肩袖毛衣的胸围尺寸可以通过育克的长度进行调整。（参照p.66）

不过此作品中，育克是在菱形花样告一段落的地方结束。本想以4行（0.5个花样）为单位进行调整，但是这样加针数就太多了，所以与圆育克毛衣一样，通过改变腋下的宽度进行调整。又因为1个花样12针，如果在左、右两侧各增加12针，胸围就会放大约10cm。

衣袖的挑针方法与身片相同，所以袖围也会相应放大1个花样（约5cm）。

衣长、袖长的调整　编织花样B是1行1个花样，以1行（约1cm）为单位调整至自己喜欢的长度即可。请在加减针结束后进行行数的调整。

●在腋下起针，编织身片

在前、后身片之间钩锁针起针作为腋下的针目，第1行就从此处挑针，环形编织身片。

左胁部用育克的线接着钩6针锁针，跳过衣袖部分的78针，在前身片的边针上做引拔连接。

右胁部在后身片的边针里加入新线，按与左胁部相同的要领钩织。
（为了便于理解，图中使用了不同颜色的线钩织锁针。）

左、右两侧的腋下起针后的状态。

从腋下的锁针部分的里山挑针钩织6针。
（图中是右侧腋下。）

在左侧腋下的正中间加线挑取3针，接着从育克的后身片挑取102针，从右侧腋下挑取6针，从育克的前身片挑取102针，再从左侧腋下挑取剩下的3针，一共是216针，按编织花样B环形编织。
参照图示一边分散加针一边编织40行，接着在下摆钩织3行短针。
※如果介意针目的斜行问题，可以每行改变编织方向，做环状的往返编织

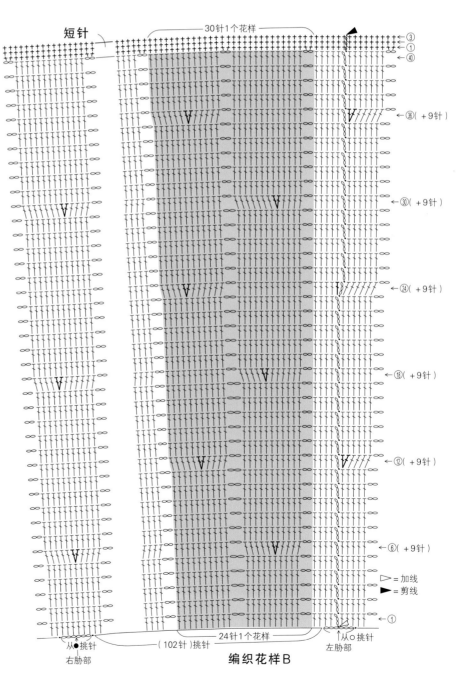

短针

30针1个花样

←③
←①
←㊵

←㊱（ +9针 ）

←㉚（ +9针 ）

←㉔（ +9针 ）

←⑱（ +9针 ）

←⑫（ +9针 ）

←⑥（ +9针 ）

▷ = 加线
◀ = 剪线

←①

↑从○挑针
左胁部

从●挑针
右胁部

（102针）挑针

24针1个花样

编织花样B

3 编织衣袖

从育克的衣袖部分以及编织身片时腋下起针的另一侧挑针，开始编织衣袖。一边在袖下减针，一边按编织花样B编织，最后在袖口钩织短针整理形状。

● 从腋下挑针

在腋下的正中间加线挑取3针，接着从育克挑取78针，再从腋下挑取剩下的3针，开始环形编织。

身片朝下，从腋下的正中间开始挑针编织。

衣袖编织5行后的状态。腋下部分与身片的花样上、下对称。袖下左、右对称进行减针。

4 编织衣领，完成

从起针的锁针上挑针，钩织1行短针整理形状。

在育克的起立针位置加线，按左袖、前身片、右袖、后身片的顺序环形编织。（为了便于理解，图中使用了不同颜色的线编织。）

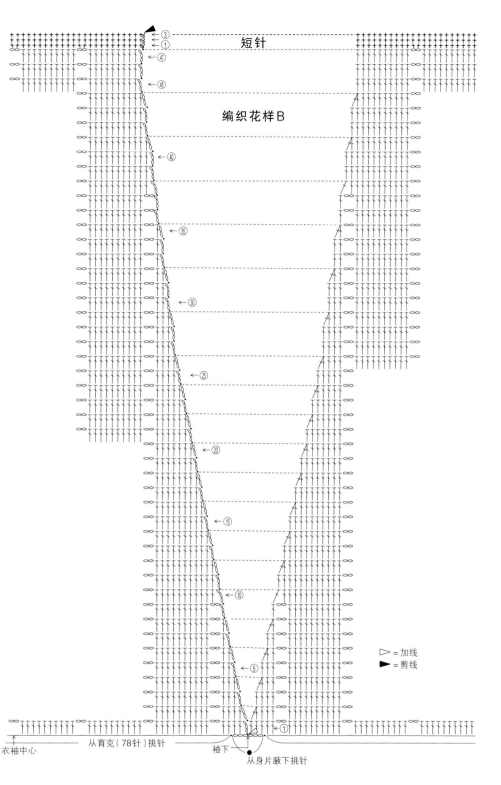

短针

编织花样B

▷ = 加线
► = 剪线

衣袖中心　从育克（78针）挑针　袖下

从身片腋下挑针

衣领（短针）

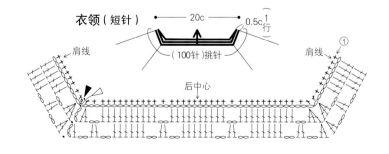

肩线　20c　0.5c 1行
（100针）挑针
后中心　肩线

镂空菱形花样蝴蝶袖毛衣

一边放大菱形花样一边编织成甜甜圈的形状，然后环形编织下摆和袖口。
这款作品需要在袖下接合，一边钩织一边做连接，稍微费点工夫。

设计／风工房　用线／和麻纳卡 Flax C

扇形花样圆育克毛衣

这是一款五分袖毛衣，细腻的扇形花样十分优美。
身片和衣袖在网眼针中加入了小巧精致的小花花样。

设计／志田瞳　制作／今井泰子　用线／芭贝 Saint-Gilles

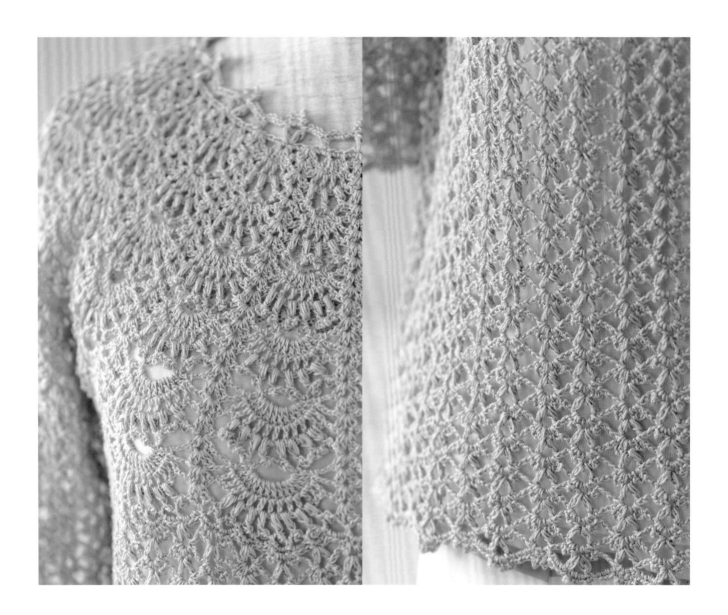

小花花样圆育克开衫

整件开衫都是镂空花样设计，
宛如一朵朵向下绽放的海棠花。
100% 真丝线材爽滑舒适，
清新的白色凉意十足。

设计/河合真弓 制作/关谷幸子
用线/芭贝 Lucia

制作方法 **从领口往下编织的圆育克开衫**

圆育克是将育克的1个花样或重复单元像扇子一样逐渐放大。
开衫的育克和身片做往返编织。
下面以"**09 枣形针和网眼花样圆育克开衫**"为例讲解编织方法。

●开衫的组成部分和名称

09 枣形针和网眼花样圆育克开衫 图片 p.32

〈材料和工具〉
● 用线　　和麻纳卡 Flax C 藏青色（6）280g/12团
　　　　　※在编织步骤详解中使用暗粉色（106）、灰米色（3）、土黄色（105）
● 钩针　　3/0号、2/0号、4/0号（用于起针）
● 其他　　直径1.2cm的纽扣5颗
〈成品尺寸〉
● 胸围　　99cm（右前身片22cm+腋下5.5cm+后身片42cm+腋下5.5cm+
　　　　　左前身片22cm+前门襟2cm=99cm）
● 衣长　　45cm [育克长17cm+前后差2cm+胁边长（24cm+2cm）=45cm]
● 连肩袖长　43cm [领口宽24cm÷2+育克长17cm+袖长（12cm+2cm）=43cm]
〈编织密度〉　10cm×10cm面积内：编织花样A 27针，11行；编织花样B 33针，15行
● 表示编织花样A在10cm内有27针，11行
〈编织要点〉　参照p.22的步骤编织

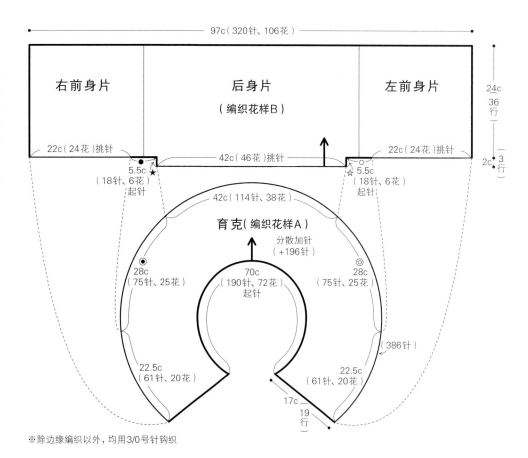

∗编织图的看法

本书编织图的绘制如右图所示，以圆育克为中心，上方是前、后身片，下方是左、右袖。数字后面的c是cm（厘米）的缩写。（ ）内是针数或行数，无法用整数表示的针数则标注花样的个数。"○花"是"○个花样"的缩写。开衫的身片是将前、后身片连起来做往返编织，衣袖做环形编织。

97c（320针、106花）

右前身片

后身片
（编织花样B）

左前身片

24c
36行
（3行）
2c

22c（24花）挑针

42c（46花）挑针

22c（24花）挑针

5.5c
（18针、6花）
起针

5.5c
（18针、6花）
起针

42c（114针、38花）

育克（编织花样A）

分散加针
（+196针）

28c
（75针、25花）

70c
（190针、72花）
起针

28c
（75针、25花）

386针

22.5c
（61针、20花）

22.5c
（61针、20花）

17c
19行

※除边缘编织以外，均用3/0号针钩织

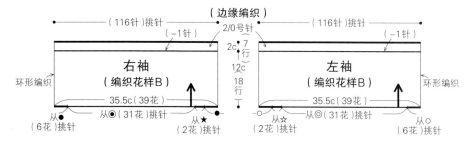

（边缘编织）

（116针）挑针

（−1针）

2/0号针
2c
7行

（116针）挑针

（−1针）

环形编织

右袖
（编织花样B）

左袖
（编织花样B）

环形编织

35.5c（39花）

12c
18行

35.5c（39花）

从●
（6花）挑针

从◉（31针）挑针

从★
（2花）挑针

从☆
（2花）挑针

从◎（31花）挑针

从○
（6花）挑针

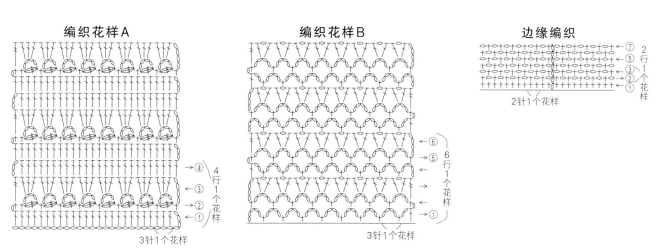

编织花样A

4行1个花样

3针1个花样

编织花样B

6行1个花样

3针1个花样

边缘编织

2行1个花样

2针1个花样

1 编织育克

●起针的针号

从起针的锁针上挑出针目时，锁针被向上拉起，锁针的长度就会缩短。因此，钩织的起针必须比成品锁针稍微长一点。从每个锁针上挑取1针时，起针的收缩程度更大，所以使用的针号要比正式编织时的针号大1~2号。

●在领窝起针

用4/0号针和相同的编织线、按正常的松紧度钩190针锁针。接着换成3/0号针，第1行立织3针锁针，从锁针的里山挑针，一边加针一边钩织长针。

●育克的编织花样

育克部分以1个花样为单位加针，整体就会均匀地放大。一共重复14次。

〈实物大小〉

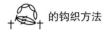
的钩织方法

①短针完成后，接着钩4针锁针。在针头挂线。

②此时，在已织短针的头部插入钩针，将线拉出。

③在同一个针目里插入钩针，钩织3针长针的枣形针。

④跳过前一行的2针，钩织下一针短针。

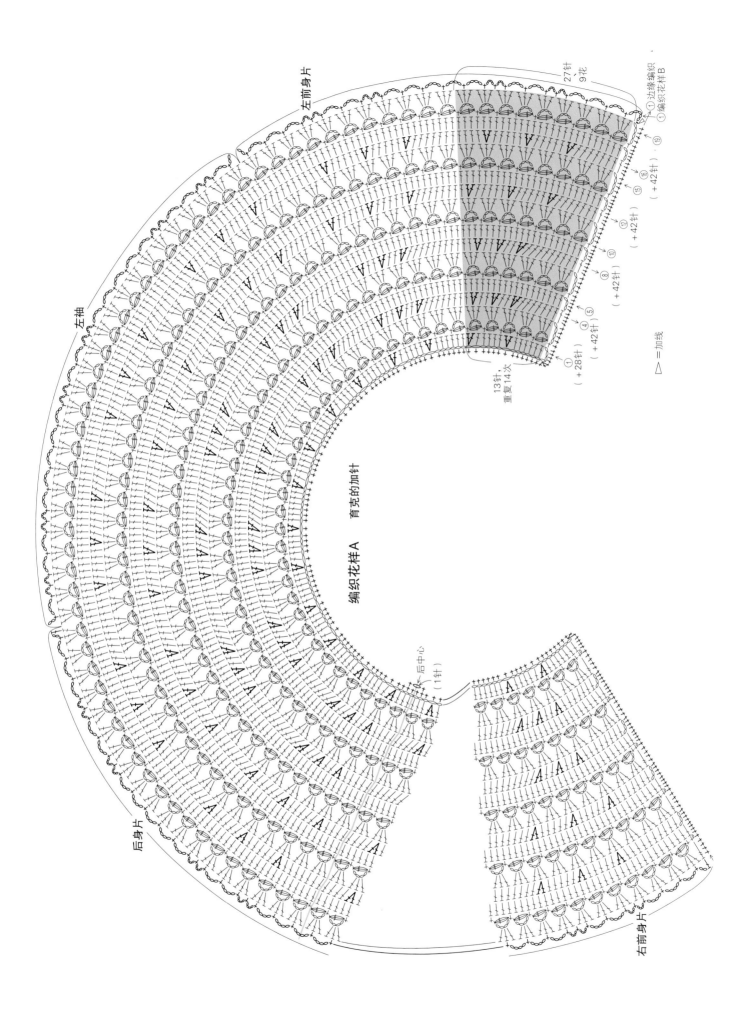

左前身片

27针
9花

①边缘编织
①编织花样B
⑲

⑯（+42针）
⑮
⑪（+42针）
⑩
⑧（+42针）
⑤
④（+42针）
①（+28针）

13针，
重复14次

左袖

编织花样A　育克的加针

后中心
（1针）

□ =加线

后身片

右前身片

2 编织身片

育克部分编织结束后，将其分成身片和衣袖。在育克的后身片部分编织3行的前后差。
接着在胁部腋下钩锁针起针，将前、后身片连起来编织。

●将育克分成身片和衣袖

将育克的最后一行分成左、右前身片，后身片和左、右袖共5个部分，在交界处用线做上标记。

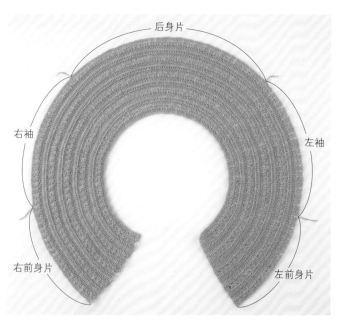

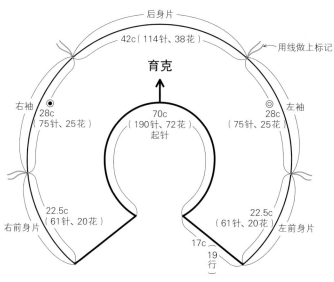

后身片
42c（114针、38花）
用线做上标记
右袖　育克
28c
（75针、25花）　70c
（190针、72花）
起针
左袖
28c
（75针、25花）
右前身片　22.5c
（61针、20花）　22.5c
（61针、20花）　左前身片
17c
（19行）

●在后身片编织前后差

加入新线，从育克的后身片部分挑针编织前后差。
有了前后差，前领窝自然下降，穿起来就会更加合
身。编织3行后将线剪断。
※为了便于理解，图中使用了不同颜色的线编织

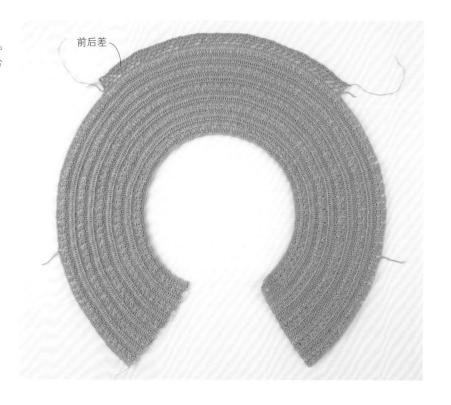

前后差

● 在腋下起针，编织身片

在前、后身片之间钩锁针起针作为腋下的针目，第1行就从此处挑针编织身片。

从左、右前身片各挑取24个花样，从左、右腋下各挑取6个花样，从后身片挑取46个花样，一共是106个花样，等针直编36行。

留出10cm左右的线头，剪断。

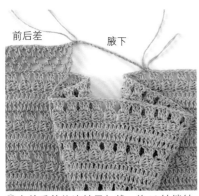

①在前后差的边针里加线，钩18针锁针，跳过衣袖部分的25个花样，在前身片的边针上做引拔连接。（图中使用了不同颜色的线钩织。）

②左、右两侧的腋下起针后的状态。

③从育克接着按编织花样B编织。腋下的锁针部分是从里山挑针钩织6个花样。

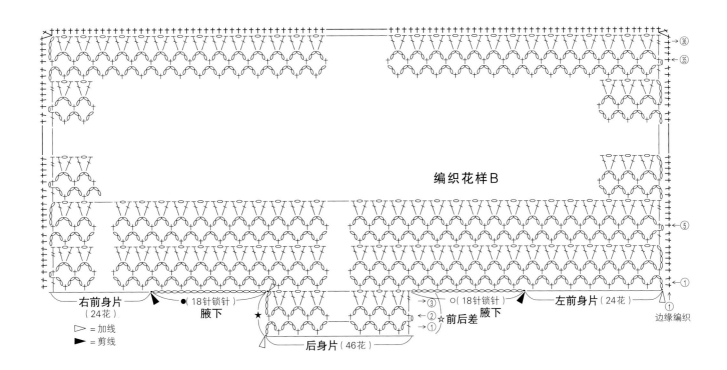

编织花样B

右前身片（24花）
腋下 ●（18针锁针）
☆前后差
○（18针锁针）
腋下
左前身片（24花）
边缘编织

▷ = 加线
▶ = 剪线

后身片（46花）

3 编织衣袖

●从育克、腋下和前后差上挑针

从育克的衣袖部分、后身片前后差的行上、编织身片时腋下起针的另一侧挑针，开始编织衣袖。
前后差部分的尺寸加在后身片一侧的袖宽上。袖口逐渐缩小的作品在袖下进行减针。

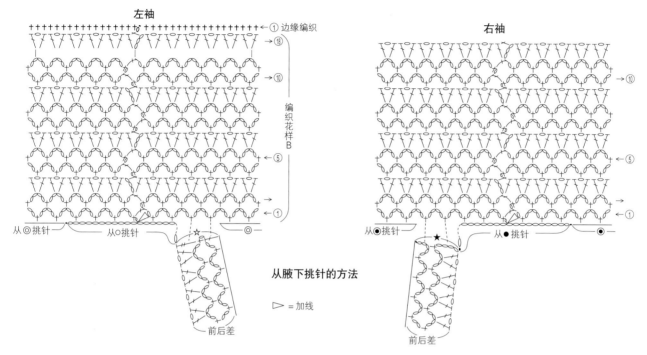

从腋下挑针的方法

▷ = 加线

●左袖

①在腋下右边数起第7针里加线,立织1针锁针。

②按编织花样B从腋下挑取4个花样,接着从育克挑取31个花样,从前后差上挑取2个花样,再从腋下挑取剩下的2个花样,开始环形编织。

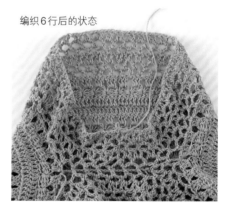

编织6行后的状态

③每行改变编织方向,无须加减针编织18行后,接着编织7行边缘。

●右袖

在腋下右边数起第11针里加线,立织1针锁针。按编织花样B从腋下挑取2个花样,接着从前后差上挑取2个花样,从育克挑取31个花样,再从腋下挑取剩下的4个花样,开始环形编织。

4 编织衣领、前门襟、下摆，完成

衣领、前门襟、下摆连起来编织。在下摆的左胁部加线编织一圈边缘。
每行改变编织方向，一边在前身片的下摆转角和衣领转角加针一边编织7行。在右前门襟的第4行留出扣眼。

衣领、前门襟、下摆（边缘编织）2/0号针

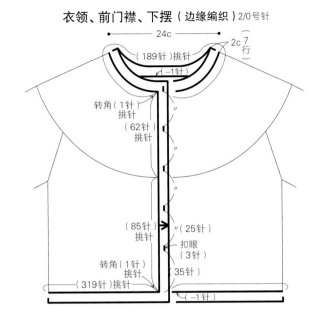

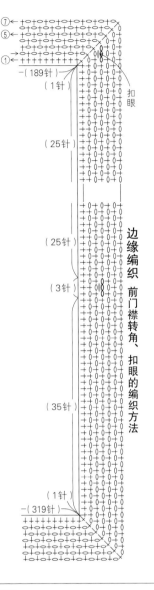

边缘编织 前门襟转角、扣眼的编织方法

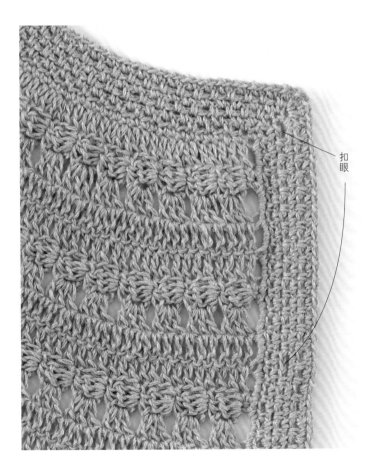

扣眼

＊调整尺寸的要领

胸围尺寸的调整 改变腋下的起针数进行调整。此作品是以花样为单位加针，如果在左、右两侧各增加编织花样B的4个花样，那么1个花样是0.9cm，胸围就会放大约7cm。因为1个花样是3针，3针×4个花样=12针，所以腋下的锁针加上12针就要起30针。
因为衣袖与身片一样挑针，所以袖窿围也会放大4个花样约3.5cm。

衣长、袖长的调整 编织花样B虽然是6行1个花样，因为编织方向不同，可以改为3行1个花样进行调整。6行是4cm，3行就是2cm，以此为单位可以调整至自己喜欢的长度。

交襟插肩袖开衫

简洁的花样全部由长针组成，
前端和插肩线的加针也极为简单。
下摆和袖口的边缘编织比较宽，为作品增添了一分灵动感。

设计／柴田 淳　用线／SKI 毛线 风花

无袖圆育克毛衣

小育克完成后，分别在前、后身片编织几行，接着环形编织。
既可以作为无袖套头衫单穿，也可以内搭针织衫当作背心，穿搭范围非常广泛。

设计 / 兵头良之子　制作 / 矢部久美子　用线 / 达摩手编线 Cotton & Linen Large

枣形针和网眼花样圆育克开衫

育克部分均匀加针，身片和衣袖按镂空花样等针直编。
边缘和纽扣都很简单，彰显了棉麻细线的清凉感。

设计／冈 真理子   制作／大西二叶   用线／和麻纳卡 Flax C

10 宽松的圆育克罩衫 图片 p.36

〈材料和工具〉
● 用线　芭贝 British Fine 蓝紫色（005）270g/11团
● 钩针　5/0号

〈成品尺寸〉　胸围94cm，衣长52.5cm，连肩袖长56.5cm

〈编织密度〉　编织花样B的1个花样1.2cm，10cm11行

〈编织要点〉
编织花样A　逐渐放大单元花样，在前一行的锁针上整段挑针。育克　锁针起针后连接成环形，在锁针的里山挑针，按编织花样A编织。将起立针位置放在后身片的左侧。身片　从育克接着在后身片编织3

行前后差，然后钩织右侧腋下的23针锁针，在前身片侧引拔。左侧腋下在前后差的边针里加线钩织锁针。身片是在腋下的中间加入新线，从育克和腋下锁针上挑针，一边分散加针一边按编织花样B编织。接着做下摆的边缘编织。衣袖　在腋下加线，从腋下、前后差、育克挑针，按编织花样B环形编织。前15行在袖下减针，然后一边分散加针一边朝袖口方向编织。接着做袖口的边缘编织。衣领　从起针处挑针编织边缘。

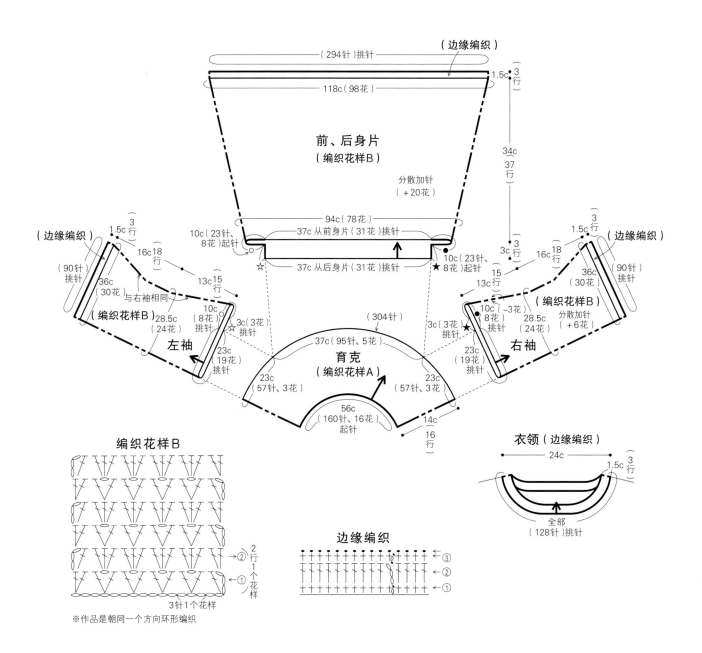

※ 前后差、身片前 12 行的编织方法与作品 **11** 相同 参照 p.39

※身片的加针、衣袖的加减针 参照 p.89

＊调整尺寸的要领

如果在左、右两侧各增加编织花样B的2
个花样，腋下锁针就是29针。因为1个花
样是1.2cm，胸围就会放大约4.8cm。衣
长以1个花样2行1.8cm为单位进行调整。

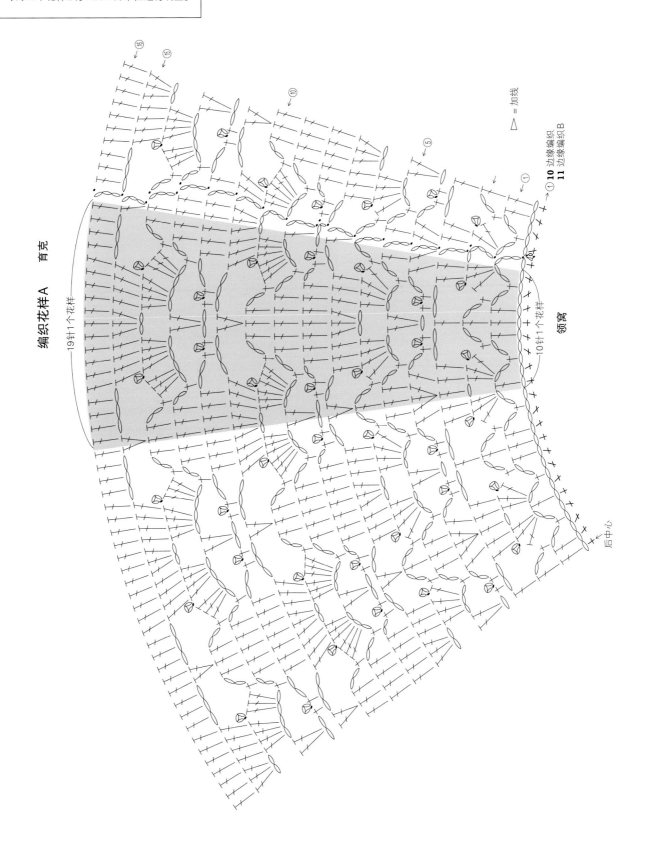

编织花样A　育克

━ 19针1个花样 ━

领窝

━ 10针1个花样 ━

▷ = 加线

→①**10** 边缘编织
11 边缘编织B

后中心

宽松的圆育克罩衫

这是一款七分袖罩衫，育克花样是设计的重点，身片和衣袖使用了小巧的编织花样，整体简洁利落。
为了方便叠穿，编织了简单的边缘。

设计 / 林 久仁子　用线 / 芭贝 British Fine

11 春夏款 制作方法 ▶ p.38

靓丽的镂空花样圆育克毛衣

改用棉线将作品 **10** 编织成了春夏款毛衣。
轻巧的半袖加上狗牙针和扇形花样边缘的点缀，越发使这款毛衣成为全身的亮点。

设计／林 久仁子　用线／SKI 毛线 Supima Cotton

11 靓丽的镂空花样圆育克毛衣 图片p.37

〈材料和工具〉

● 用线　SKI毛线 Supima Cotton 柠檬黄色（5010）300g/10团
● 钩针　4/0号

〈成品尺寸〉 胸围94cm，衣长54.5cm，连肩袖长33cm

〈编织密度〉 编织花样B的1个花样1.2cm，10cm11行

〈编织要点〉

编织花样　编织花样A逐渐放大单元花样，在前一行的锁针上整段挑针。育克　锁针起针后连接成环形，在锁针的里山挑针，按编织花样A编织。将起立针位置放在后身片的左侧。身片　从育克接着在后身

片编织3行前后差，然后钩织右侧腋下的23针锁针，在前身片侧引拔。左侧腋下在前后差的边针里加线钩织锁针。身片是在腋下的中间加入新线，从育克和腋下锁针上挑针，按编织花样B编织。接着做下摆的边缘编织A。衣袖　在腋下加线，从腋下、前后差、育克挑针，按编织花样B环形编织。接着做袖口的边缘编织A。衣领　从起针处挑针，按边缘编织B编织。

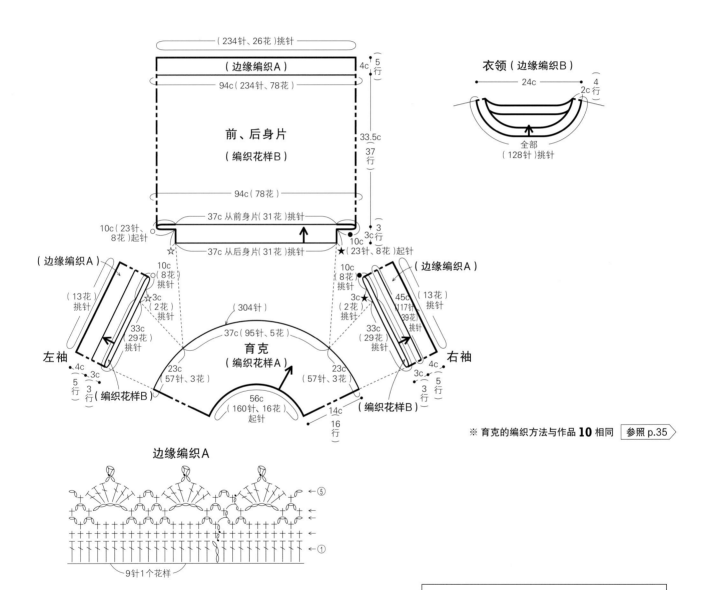

※ 育克的编织方法与作品10相同　参照 p.35

＊调整尺寸的要领

如果在左、右两侧各增加编织花样B的2个花样，腋下锁针就是29针。因为1个花样是1.2cm，胸围就会放大大约4.8cm。衣长以1个花样2行1.8cm为单位进行调整。

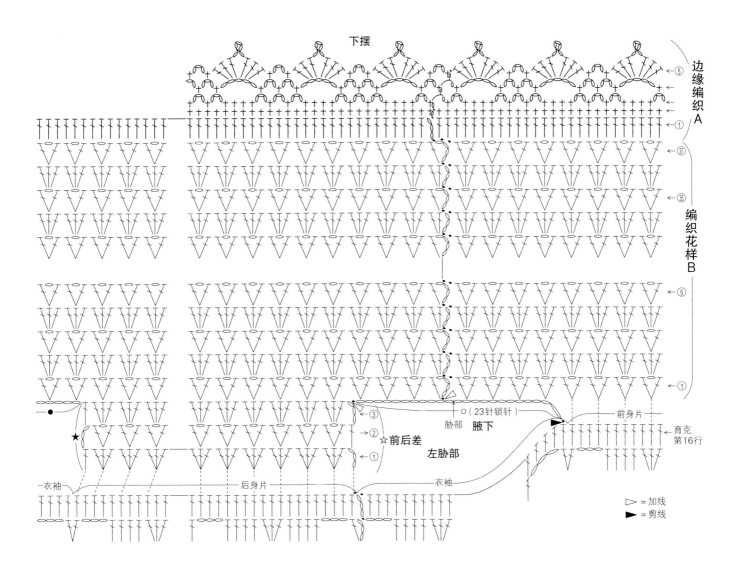

下摆

边缘编织A

编织花样B

⑤
←③
←②
☆前后差
←①
胁部 腋下 （23针锁针） 前身片
左胁部 育克 第16行

衣袖 后身片 衣袖

★

▷ = 加线
▶ = 剪线

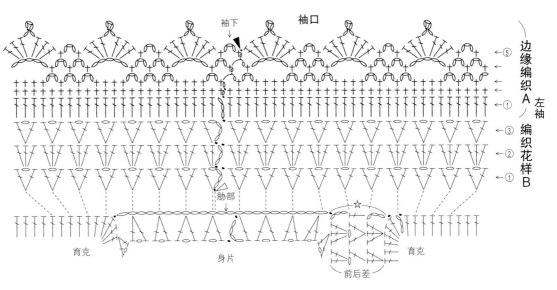

袖口

袖下↓

边缘编织A 左袖
编织花样B

⑤
←③
←②
←①

胁部↓

育克 身片 育克

前后差

切换花样的插肩袖毛衣

这是一款方领半袖套头衫，
身片和衣袖使用了不同的花样。
纵向线条井然有序，
加入狗牙针的边缘增添了柔和的气息。

设计／风工房　用线／达摩手编线 Cotton & Linen Large

12 切换花样的插肩袖毛衣 图片 p.40

〈材料和工具〉
- 用线　达摩手编线 Cotton & Linen Large 水蓝色（13）200g/4团
- 钩针　3/0 号

〈成品尺寸〉胸围94cm，衣长48.5cm，连肩袖长37.5cm
〈编织密度〉10cm×10cm面积内：编织花样A 29针、B 30针，均为11行
〈编织要点〉
编织花样　编织花样A、B均由长针和锁针构成。育克　锁针起针后

连接成环形，在锁针的里山挑针，按编织花样A、B编织。将起立针位置放在后身片的左侧。在编织花样A与B的交界处加入2针锁针，一边编织一边在其两侧做插肩线的加针。身片　左侧腋下从育克接着钩15针锁针，在前身片侧做引拔连接后将线剪断。右侧腋下在后身片加线钩15针锁针后在前身片做连接。身片是在腋下的指定位置加线，从腋下和育克挑针，按编织花样A环形编织前、后身片。接着做下摆的边缘编织。衣袖　从腋下和育克挑针，按编织花样B编织。接着做袖口的边缘编织。衣领　从起针处挑针，编织1行边缘整理形状。

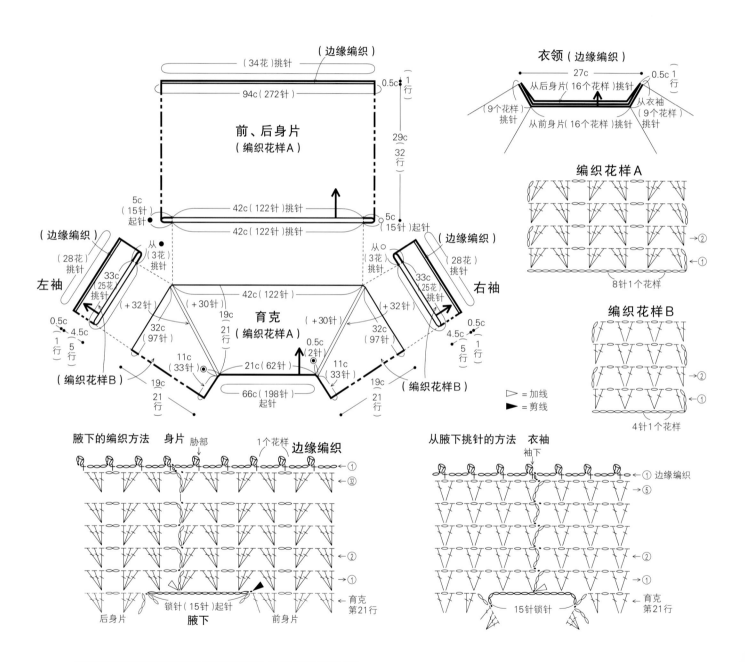

＊调整尺寸的要领
如果在左、右两侧各增加编织花样A的1个花样，腋下锁针就是23针。因为1个花样是2.7cm，胸围就会放大约5.5cm。
衣长以1个花样1行0.9cm为单位进行调整。

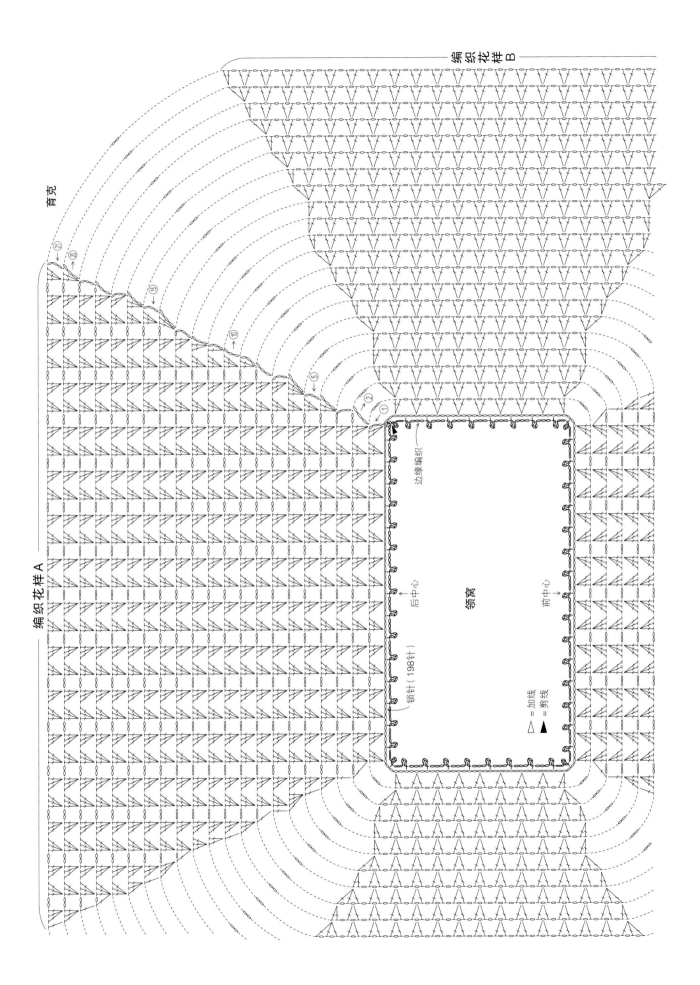

编织花样 B

育克

编织花样 A

②
⑳
⑮
⑩
⑤
②
①

边缘编织

后中心

领窝

前中心

（锁针（198针））

□ = 加线
▲ = 剪线

44

13 秋冬款 制作方法 ▶ p.9

方眼花样插肩袖毛衣

这款长袖毛衣的育克部分是菱形花样，
身片和衣袖在纵向线条中加入了镂空效果。
身片朝下摆方向呈略微放大的 A 形设计。

设计／笠间 绫　用线／芭贝 Alba

14 罗纹效果的插肩袖毛衣 图片 p.49

〈材料和工具〉
● 用线　和麻纳卡 Exceed Wool FL（粗）水蓝色（244）710g/18 团
● 钩针　6/0号（※根据花样特点使用粗一点的针）
〈成品尺寸〉胸围96cm，衣长52.5cm，连肩袖长68cm
〈编织密度〉10cm×10cm面积内：编织花样22针，12行
〈编织要点〉
编织花样　钩织长针的正拉针和反拉针，反面编织拉针的行时，交替做普通的长针和拉针。育克　锁针起针后在锁针的里山挑针，从后领窝开始编织。前7行做往返编织，一边编织一边形成前领窝的弧度。

第7行的最后钩21针锁针，在起立针上引拔连接成环形，将线剪断。第8行在后身片左侧的插肩线位置加线，立织锁针，从此行开始环形编织育克。编织至第21行后，将线放置一边暂停编织。腋下在插肩线的前身片侧加入新线钩织锁针，在后身片的边针里引拔。身片　用暂停编织的线从腋下和育克挑针，环形编织前、后身片。衣袖　在腋下的中间加线，从腋下和育克挑针，一边在袖下减针一边按编织花样编织。衣领　从领窝挑针编织11行。抽绳　用2根线合股钩织120cm长的罗纹绳。穿入衣领的最后一行，分别在绳子的两端打结。

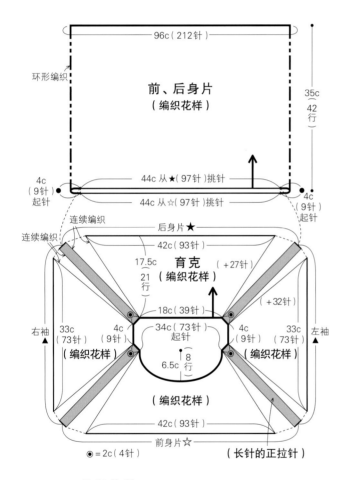

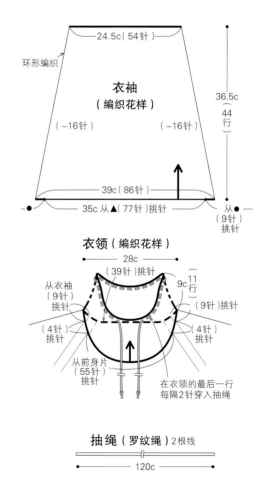

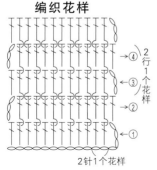

编织花样

2针1个花样

*调整尺寸的要领
如果在左、右两侧各增加编织花样的2个花样，腋下锁针就是13针。因为1个花样是0.9cm，胸围就会放大约3.6cm。衣长以1个花样2行1.6cm为单位进行调整。

下转 p.50 >

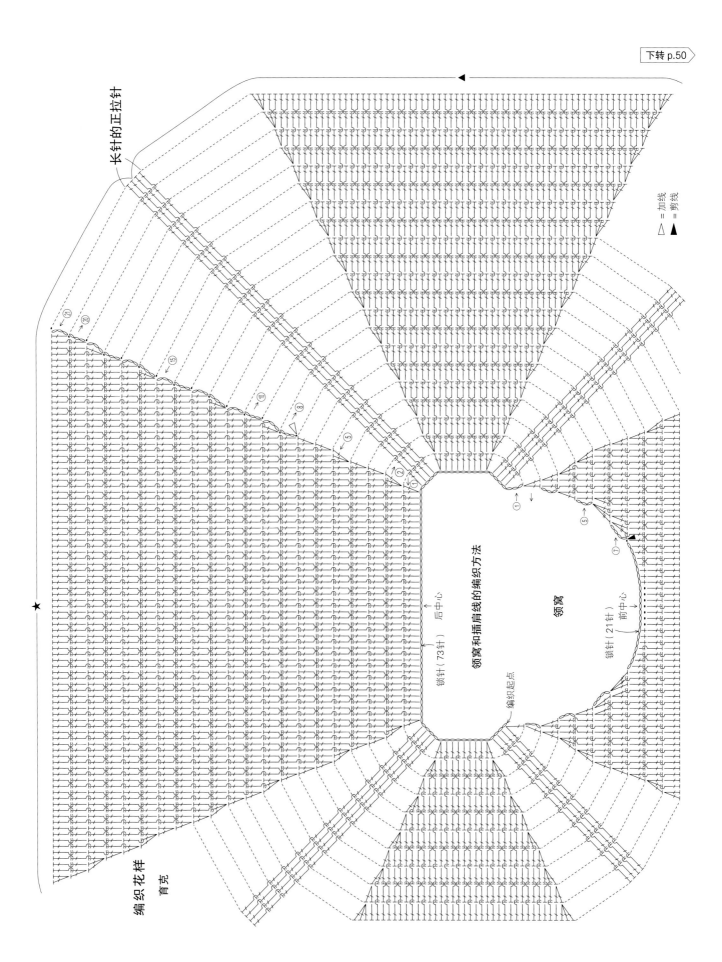

长针的正拉针

△ = 加线
▲ = 剪线

领窝和插肩线的编织方法

锁针（73针）　后中心

编织起点

领窝

锁针（21针）　前中心

编织花样
育克

罗纹效果的插肩袖毛衣

在高领的领口穿入抽绳，多了一分类似卫衣的休闲感。
拉针花样厚实暖和，织就冬季非常实用的手编毛衣。

设计／兵头良之子　制作／加藤孝子　用线／和麻纳卡 Exceed Wool FL（粗）

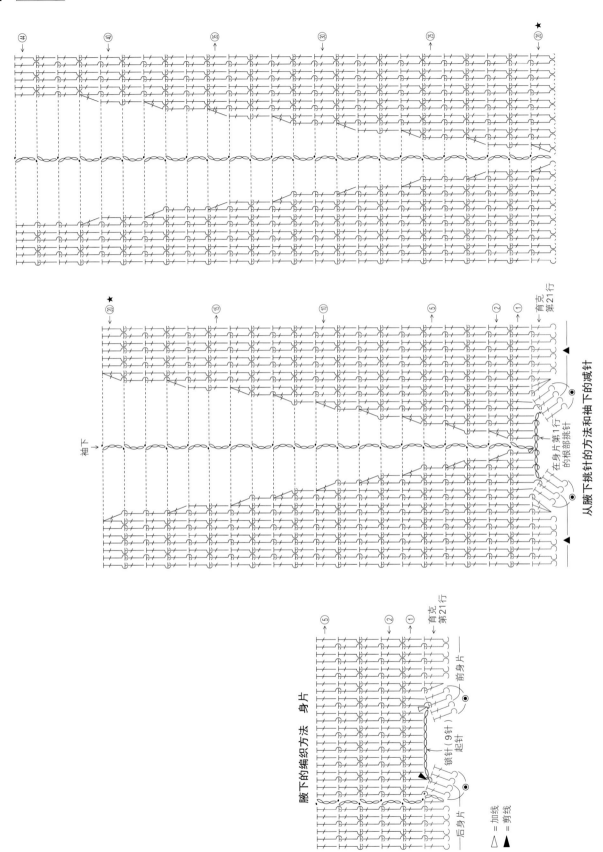

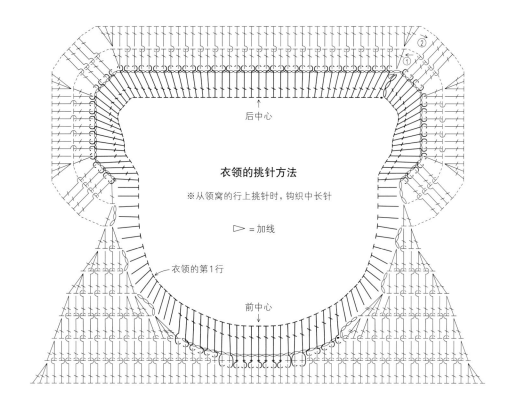

衣领的挑针方法

※从领窝的行上挑针时,钩织中长针

▷ = 加线

衣领的第1行

后中心

前中心

穿绳方法

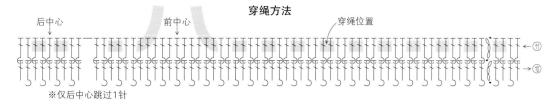

后中心　　　前中心　　　　　　穿绳位置

← ⑪

→ ⑩

※仅后中心跳过1针

罗纹绳

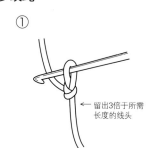

①

←留出3倍于所需长度的线头

留出3倍于所需长度的线头。
将线头从前往后挂在钩针上。

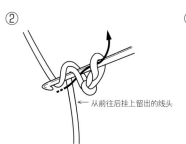

②

←从前往后挂上留出的线头

在钩针上挂线,引拔穿过针上的
线头以及1个线圈。

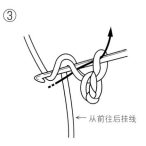

③

←从前往后挂线

将线头从前往后挂在钩针上,
针头挂线钩织锁针。

④

重复步骤③,最后从锁针
里引拔拉出。

51

高翻领斗篷

用极粗毛线编织，
仅由"3 针长针并 1 针"和"拉针"组成的花样
也让人感觉非常新颖。
在前、后中心和肩线的两侧加针，
最后的形状就像 4 块梯形织片拼接而成。

设计／河合真弓
制作／羽生明子
用线／ SKI 毛线 UK Blend Melange

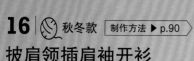

16 🧶 秋冬款 制作方法 ▶ p.90

披肩领插肩袖开衫

这是一款长针钩织的开衫，明亮的蓝色格外漂亮。
无论搭配裤子还是裙子都很合适，
从初秋开始就可以穿着，非常实用。

设计／风工房
用线／达摩手编线 Superwash Merino

15 高翻领斗篷 图片 p.52

〈材料和工具〉
- ●用线　SKI毛线 UK Blend Melange 驼色（8020）520g/13团
- ●钩针　8/0号、10/0号
〈成品尺寸〉　均码，衣长45cm
〈编织密度〉　10cm×10cm面积内：编织花样A 15.5针，9.5行
〈编织要点〉

编织花样　编织花样A里的长针的正拉针是在前2行的长针根部挑针。
斗篷　锁针起针后连接成环形，在锁针的里山挑针，按编织花样A编织。
一边在前、后中心和肩线的4个位置加针，一边编织至下摆的编织花样B。衣领从起针处挑针，按编织花样B编织，前9行用8/0号针钩织，
剩下的9行换成10/0号针钩织。

＊调整尺寸的要领

衣长以1个花样2行2cm为单位进行调整。一边在前、后中心和肩线的4个位置加针，一边增加行数。

衣领（编织花样B）
调整编织密度

20c（18行）

9行 10/0号针

9行 8/0号针

（−32针）

（64针）挑针

斗篷的加针

肩线

前中心

编织花样B

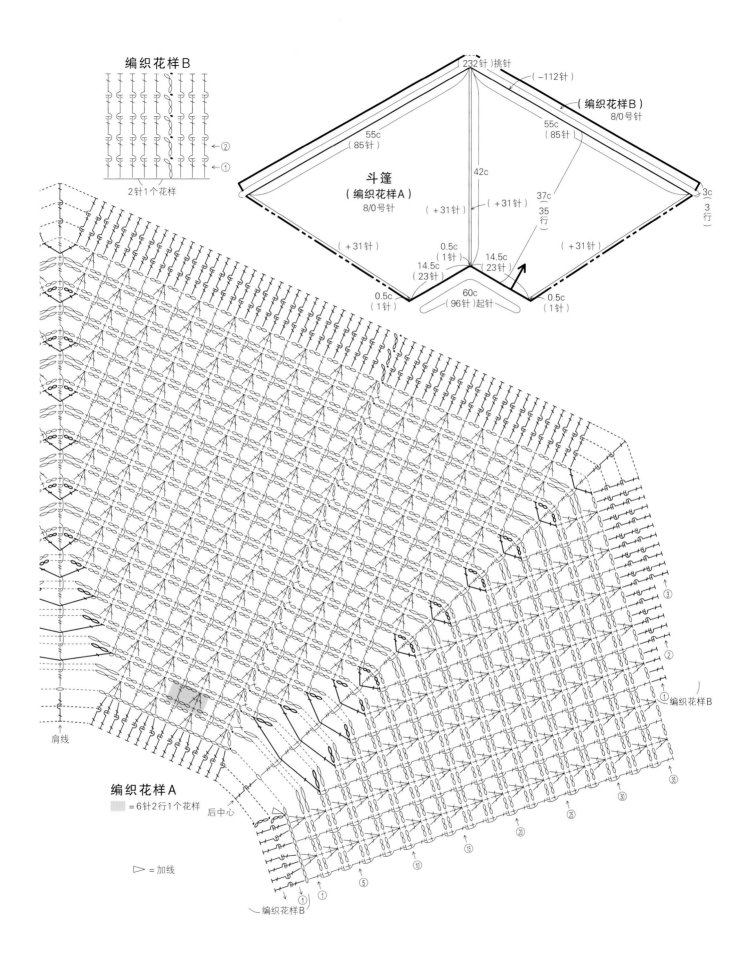

2针1个花样

②

①

（232针）挑针

（ -112针 ）

（ 编织花样B ）
8/0号针

55c
（ 85针 ）

55c
（ 85针 ）

斗篷
（编织花样A）
8/0号针

42c

37c
（ 35
行 ）

3c
（ 3
行 ）

（ +31针 ）

（ +31针 ）

（ +31针 ）

（ +31针 ）

0.5c
（ 1针 ）

14.5c
（ 23针 ）

0.5c
（ 1针 ）

14.5c
（ 23针 ）

60c
（ 96针 ）起针

0.5c
（ 1针 ）

③

②

①编织花样B

㉟

㉚

⑳

⑮

⑩

⑤

①

①

编织花样B

肩线

编织花样A

▨ =6针2行1个花样

后中心

▷ =加线

55

从上往下编织的半身裙

这是一款从腰部往下朝裙摆方向编织的及膝裙。
下摆切换成镂空效果更加明显的花样，给人轻快的印象。

设计／志田瞳　制作／畑山赖绘　用线／芭贝 New 4PLY

17 从上往下编织的半身裙 图片 p.56

〈材料和工具〉
● 用线　芭贝 New 4PLY 藏青色（421）380g/10团
● 钩针　4/0号、3/0号
● 其他　宽3cm的松紧带70cm
〈成品尺寸〉　腰围68cm，裙长61cm
〈编织密度〉　10cm×10cm面积内：编织花样A 30针，11行；编织花样B 30针，12行；长针26针，13行

〈编织要点〉
编织花样　编织花样A、B均为每行改变方向做环形编织。裙身　在腰部锁针起针后连接成环形，在锁针的里山挑针，按编织花样A一边分散加针一边编织52行。将起立针位置放在左胁部。接下来，一边按编织花样B编织，一边加花样中间的锁针数放大单元花样。腰头　从起针处挑针，钩织长针和方眼针。组合　将松紧带的两端重叠2cm缝合成环形。将腰头向内侧翻折夹住松紧带，再将最后一行针目的头部与腰头的挑针位置缝合。

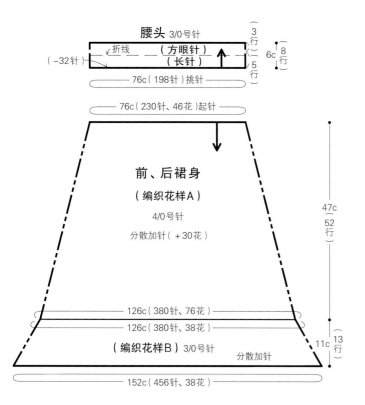

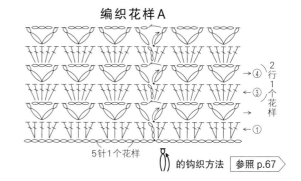

编织花样A

5针1个花样

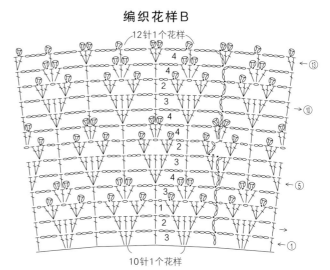

编织花样B

10针1个花样

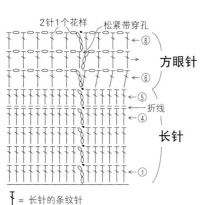

方眼针

长针

$\top$ = 长针的条纹针
在前一行针目的头部后面半针里挑针钩织

※松紧带的安装方法与作品 **18** 相同 参照 p.62

腰头的挑针方法

裙身

＊调整尺寸的要领
如果增加编织花样A的2个花样，起针就是240针。因为1个花样是1.6cm，腰部就会放大约3.2cm。裙长以1个花样2行1.8cm为单位进行调整。

裙身的加针　　　编织花样A

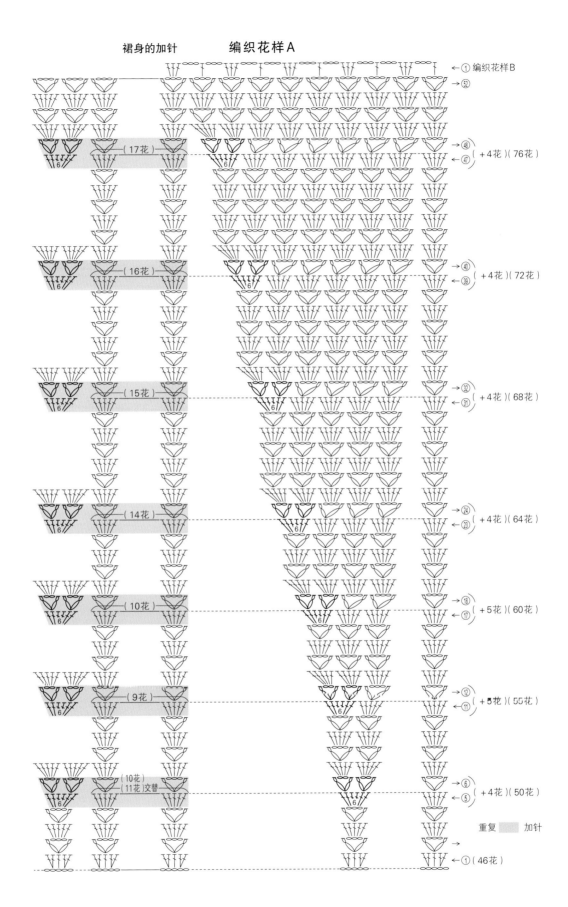

←① 编织花样B
→52

→48
←47　　+4花)(76花)
(17花)

→40
←39　　+4花)(72花)
(16花)

→32
←31　　+4花)(68花)
(15花)

→24
←23　　+4花)(64花)
(14花)

→18
←17　　+5花)(60花)
(10花)

→12
←11　　+5花)(55花)
(9花)

→6
←5　　+4花)(50花)
(10花)
(11花)交替

重复▨加针
→
←① (46花)

59

18 🧶 秋冬款 | 制作方法 ▶ p.62

纯色花样小喇叭裙

这是一条富有女人味的中长款裙子，
从裙摆往上朝腰部方向编织。
1 行短针、1 行变化的枣形针交错钩织的花样，
打造出了紧实的质感。

设计／笠间 绫
用线／达摩手编线 Superwash Merino

19 春夏款　制作方法 ▶ p.62

配色花样小喇叭裙

将作品 **18** 的线材改成干爽的真丝线，
并且加入了 3 种配色。
配色编织时，短针和减针位置清晰明了，
花样给人的印象截然不同。

设计 / 笠间 绫　用线 / 芭贝 Lucia

18 纯色花样小喇叭裙 图片 p.60

〈材料和工具〉
- 用线　　达摩手编线 Superwash Merino 绿色（3）570g/12团
- 钩针　　5/0号
- 其他　　宽3cm的松紧带70cm

〈成品尺寸〉　腰围68cm，裙长71.5cm

〈编织密度〉　10cm×10cm面积内：编织花样（24针1个花样）20针，16.5行；长针20针，11.5行

〈编织要点〉
编织花样　短针与变化的枣形针为相邻针目时，稍微调整手的松紧度，使高度变化更加流畅自然。短针钩得稍微高一点，变化的枣形针将中长针钩得稍低一点。裙身　在下摆锁针起针后连接成环形，在锁针的里山挑针，按编织花样编织。将起立针位置放在左胁部。每行改变方向，一边在指定减针一边编织至第113行。腰头　从裙身接着钩织长针和方眼针。组合　将松紧带的两端重叠2cm缝合成环形。将腰头向内侧翻折夹住松紧带，再将最后一行针目的头部与腰头的挑针位置缝合。

19 配色花样小喇叭裙 图片 p.61

〈材料和工具〉
- 用线　　芭贝 Lucia 白色（401）265g/11团，藏青色（409）95g/4团，蓝灰色（410）90g/4团，褐色（411）80g/4团
- 钩针　　4/0号
- 其他　　宽3cm的松紧带70cm

〈成品尺寸〉　腰围68cm，裙长71.5cm

〈编织密度〉　10cm×10cm面积内：编织花样（24针1个花样）20针，16.5行；长针20针，11.5行

〈编织要点〉
编织花样　与作品18相同，只是每行换色编织。不要将线剪断，将配色线放置一边暂停编织，下次换成该颜色时再从下方拉上来编织。

＊调整尺寸的要领

如果增加编织花样的1个花样，起针就是264针。因为下摆的1个花样是24针，下摆围就会放大大约12cm；因为腰部的1个花样是15针，腰围就会放大大约7.5cm。裙长以1个花样2行1.2cm为单位在下摆侧进行调整。作品19同时要考虑到配色。

腰头　白色

— 75c（150针）挑针 —

（方眼针）　折线　　3.5c｛4行

（长针）　　　↑　　　3.5c｛4行

— 75c（150针）—

裙身
（编织花样）

作品18　5/0号针
作品19　4/0号针

分散减针
全部（－90针）

环形编织

68c
113行

— 120c（240针、10花）起针 —

作品18全部用1种颜色编织

编织花样

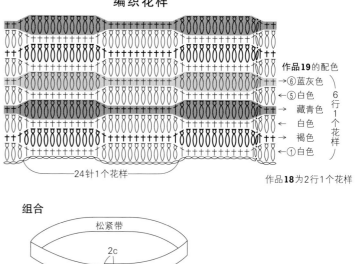

作品19的配色
→⑥蓝灰色
←⑤白色
→藏青色
白色
→褐色
←①白色

6行1个花样

— 24针1个花样 —

作品18为2行1个花样

组合

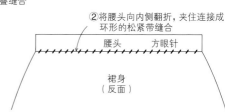

松紧带

2c

①将松紧带的两端重叠缝合

②将腰头向内侧翻折，夹住连接成环形的松紧带缝合

腰头　方眼针

裙身
（反面）

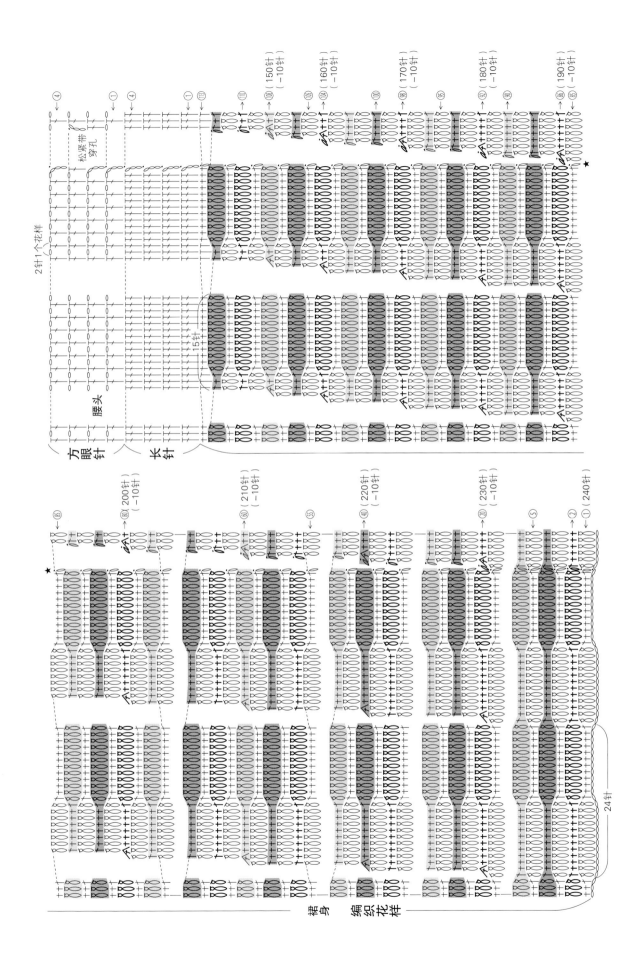

松紧带穿孔

2针1个花样

方眼针

长针

腰头

15针

裙身 编织花样

24针

（4）
（一）
（4）
（一）
⑪
⑩
⑩（150针）（-10针）
⑩
⑩（160针）（-10针）
⑮
⑭
⑩（170针）（-10针）
⑱
⑮
⑭（180针）（-10针）
⑨
⑱⑱（190针）（-10针）
★

★
⑮
⑩（200针）（-10针）
⑩
⑮
⑩（210针）（-10针）
⑮
⑪
⑩（220针）（-10针）
⑩
⑩（230针）（-10针）
⑤
②（240针）

63

1

6

9

2

7

10

8

11

3

12

4

13

5

SKI毛线

图片	线名	成分	规格	线长	线的粗细	钩针号数
1	UK Blend Melange	羊毛100% （使用50%英国羊毛）	40g/团	约70m	极粗	7.5/0~9/0号
2	风花	羊毛60%、亚麻20%、苎麻20%	30g/团	约114m	中细	4/0~5/0号
7	Tasmanian Polwarth	羊毛100%（塔斯马尼亚波耳沃斯羊毛）	40g/团	约134m	粗	5/0~6/0号
9	Supima Cotton	顶级匹马棉100%	30g/团	约98m	粗	3/0~5/0号

达摩手编线

图片	线名	成分	规格	线长	线的粗细	钩针号数
6	Superwash Merino	羊毛100% （超细美利奴羊毛，防缩加工）	50g/团	145m	中细	3/0~4/0号
10	Cotton & Linen Large	棉70%、麻30%（亚麻15%、苎麻15%）	50g/团	201m	中细	3/0~4/0号

芭贝

图片	线名	成分	规格	线长	线的粗细	钩针号数
4	Alba	羊毛100% （使用100%超细美利奴羊毛）	40g/团	105m	粗	6/0~7/0号
5	British Fine	羊毛100%	25g/团	116m	中细	3/0~5/0号
8	New 4PLY	羊毛100%（防缩加工）	40g/团	150m	中细	2/0~4/0号
11	Saint-Gilles	棉61%、亚麻39%	25g/团	130m	细	2/0~3/0号
12	Lucia	真丝100%	25g/团	125m	细	4/0~5/0号

和麻纳卡

图片	线名	成分	规格	线长	线的粗细	钩针号数
3	Exceed Wool FL（粗）	羊毛100% （使用超细美利奴羊毛）	40g/团	约120m	粗	4/0号
13	Flax C	亚麻82%、棉18%	25g/团	约104m	中细	3/0号

● 1~8为秋冬线材，9~13为春夏线材。
● 线的粗细只是比较概括的表述，仅供参考。

＊换线编织时的要领

编织第1件心仪的作品时，请使用与书中作品相同的线材编织，不过可以换成自己喜欢的颜色。编织第2件作品时，如果选择不同线材，请参照毛线标签上的适用针号，选择与书中使用线材相似的毛线。试编样片，测量密度对比一下，与书中作品的密度不一致时，请参照p.66"简单易行的尺寸调整方法"进行调整。

简单易行的尺寸调整方法

尺寸调整有若干种方法。最简单的方法就是通过改变编织针和线材的粗细来放大或缩小尺寸。

从领口往下编织的毛衣中，衣宽通过腋下起针调节。衣长在下摆部分做增减，可以一边编织一边调整。

另外，经过一段时间想要修改长度时，也可以简单地加长或减短。这一点也是从领口往下编织的优势所在。

改变编织针的粗细

每变1个针号，针目的大小就会变化5%左右。使用粗（细）2号的针，织物就可以放大（缩小）10%左右。考虑到编织效果，最多以±2号为宜。

改变线材的粗细

使用比本书作品指定线材更粗或更细的线，就可以改变作品的大小。此时，务必用打算编织的线试编样片测量密度，然后与书上的密度做对比，确认是否可以达到想要的尺寸后再开始编织。

圆育克毛衣的情况

衣宽　通过调整腋下起针的锁针数，得到想要的胸围尺寸。不过，此时要以1个花样为单位进行加减。袖宽随着衣宽的变化自然调整。

衣长、袖长　以1个花样为单位进行调整。

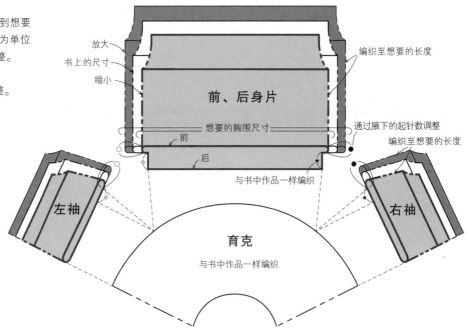

插肩袖毛衣的情况

衣宽　像长针等针法简单、单元花样又比较小的情况，如右图所示调整育克的长度就可以得到想要的胸围尺寸。

如果是其他编织花样，按与圆育克毛衣相同的要领在腋下宽度上进行调整。

衣长、袖长　以1个花样为单位进行调整。

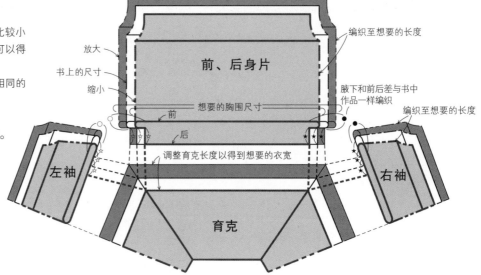

05 扇形花样圆育克毛衣 图片 p.16

〈材料和工具〉
● 用线　　巴贝 Saint-Gilles 浅米色（102）310g/13 团
● 钩针　　3/0 号
〈成品尺寸〉　胸围 98cm，衣长 52.5cm，连肩袖长 54cm
〈编织密度〉　编织花样 B 的 1 个花样 3.5cm，10cm15 行

〈编织要点〉

编织花样　编织花样 A 通过扇形单元花样的加针逐渐放大。育克　在领窝锁针起针后连接成环形，在锁针的里山挑针，按编织花样 A 编织。将起立针位置放在后身片的右侧。编织至第 24 行后将线放置一边暂停

编织，将育克分成前、后身片和左、右袖共 4 个部分。身片　用暂停编织的线继续编织。立织 1 针锁针，钩 1 针短针，接着钩织腋下的 12 针锁针，开始编织前身片的第 1 行、腋下部分的锁针、后身片的第 1 行。第 2 行钩织一圈短针。接着按编织花样 B 无须加减针编织，然后做下摆的边缘编织 A。衣袖　在腋下的中间加线，从育克和腋下挑针编织 2 行。接着一边按编织花样 B 编织一边在袖下减针，再做袖口的边缘编织 A。衣领　从起针处挑针，按边缘编织 B 编织。

*调整尺寸的要领

如果在左、右两侧各增加编织花样 B 的 1 个花样，腋下锁针就是 23 针。因为 1 个花样是 3.5cm，胸围就会放大约 7cm。衣长以 1 个花样 2 行 1.3cm 为单位进行调整。

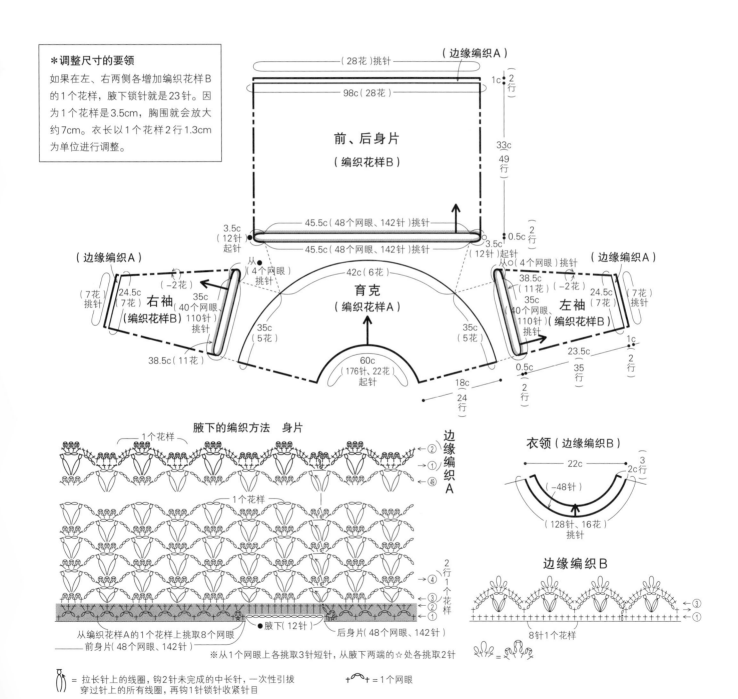

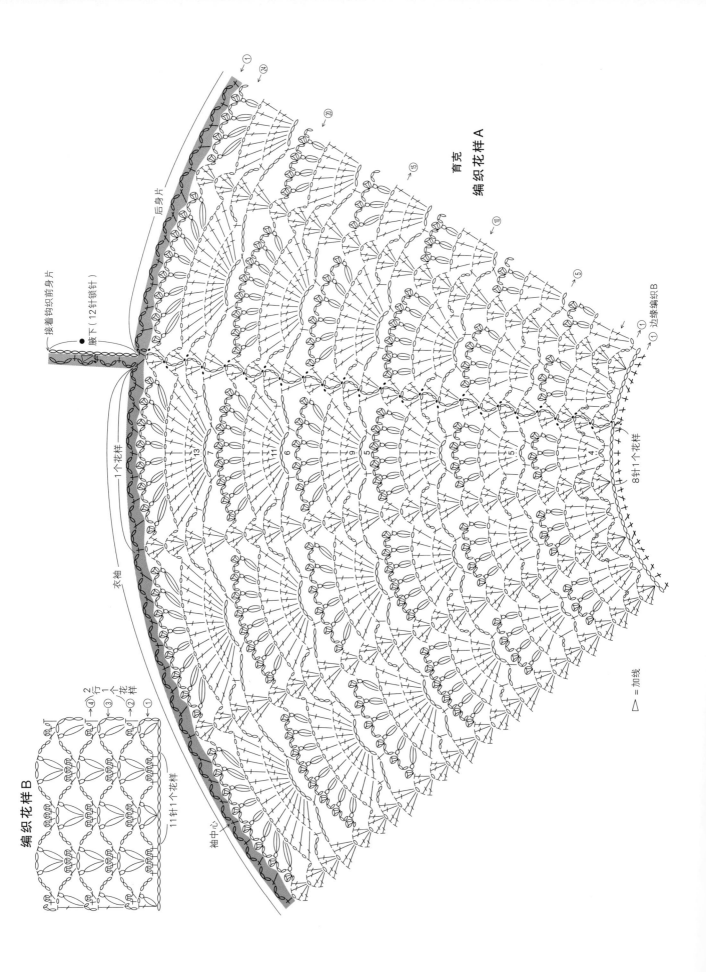

育克
编织花样A

编织花样B

□ = 加线

68

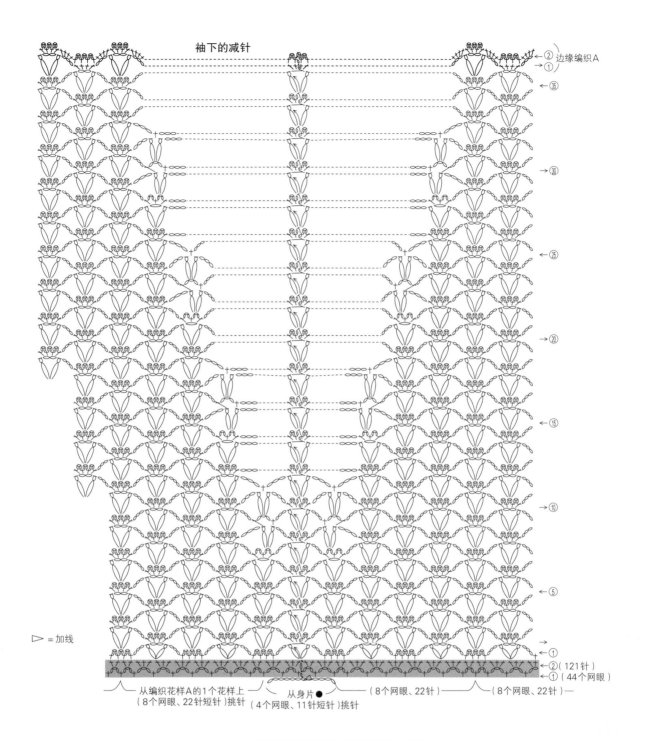

袖下的减针

←②边缘编织A
→①
←㉟
←㉚
←㉕
←㉒
←⑮
←⑩
←⑤
→①
←②(121针)
←①(44个网眼)

▷ =加线

└─ 从编织花样A的1个花样上 ─┘└─ 从身片● ─┘└─(8个网眼、22针)─┘└─(8个网眼、22针)─┘
(8个网眼、22针短针)挑针   (4个网眼、11针短针)挑针

变化的枣形针
（3针中长针
的情况）

①

针头挂线，从1针里钩
出3针未完成的中长针。

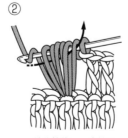

②

针头挂线，一次性引
拔穿过针上的6个线
圈。

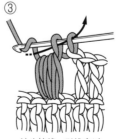

③

针头挂线，引拔穿过
剩下的线圈。

④

针目头部呈收紧状态。

01 树叶花样圆育克毛衣 图片 p.3

〈材料和工具〉
- ●用线　和麻纳卡 Exceed Wool FL（粗）藏青色（226）345g/9团
- ●钩针　6/0号（※根据花样特点使用粗一点的针）

〈成品尺寸〉胸围108cm，衣长56cm，连肩袖长63cm

〈编织密度〉编织花样的1个花样9cm，10cm7行

〈编织要点〉
编织花样　花样由长针和锁针构成，编织时整体尽量保持相同的松紧度。育克　在领窝锁针起针后连接成环形，在锁针的里山挑针，按编织花样编织。将起立针位置放在后身片的右侧。重复16个花样，一边放大单元花样一边每行朝同一个方向编织。右侧腋下接着钩20针锁针，在前身片引拔。左侧腋下加入新线钩织锁针。身片　加线后从左侧腋下开始挑针，一共编织12个花样。衣袖　从育克和腋下挑针，无须加减针编织4个花样。衣领　从起针处挑针，编织边缘。

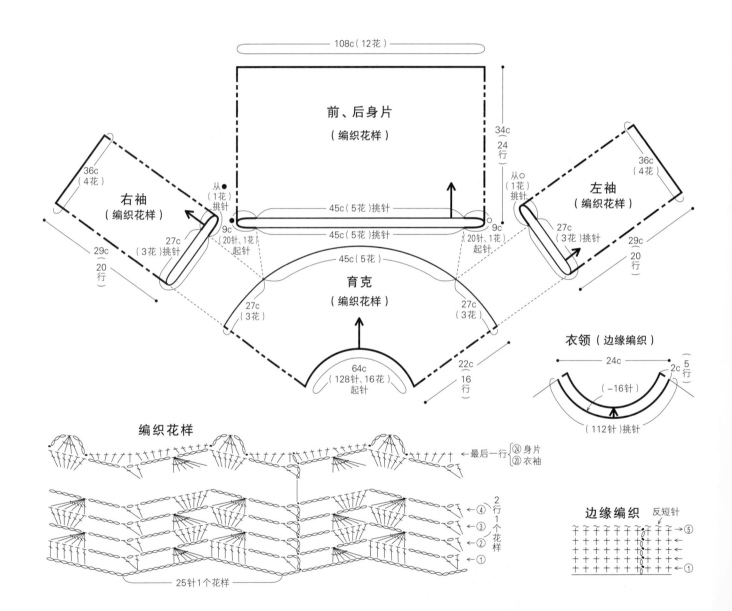

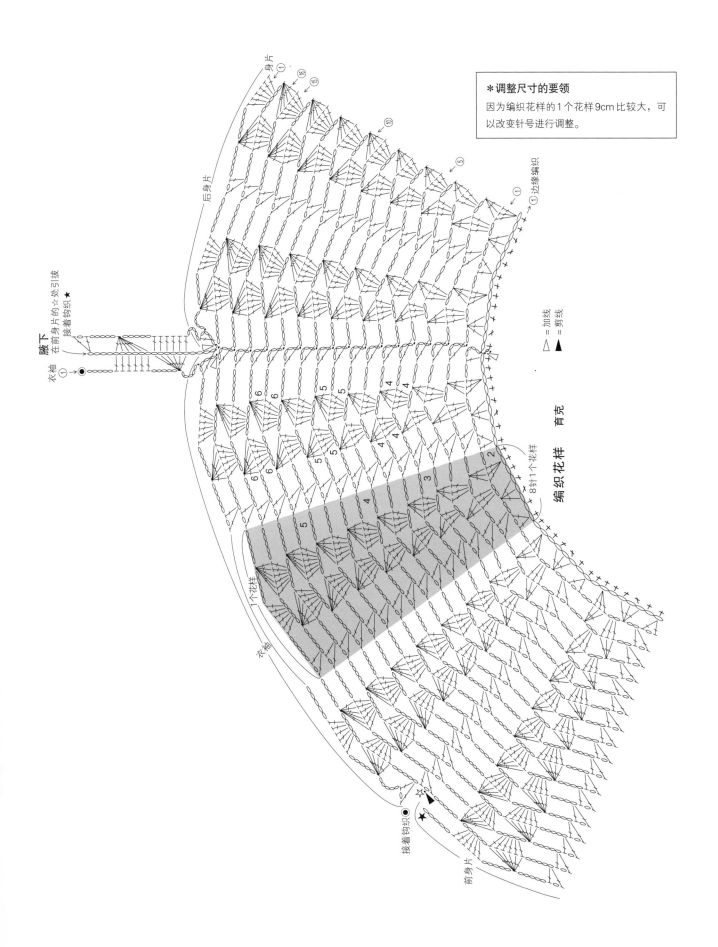

＊调整尺寸的要领
因为编织花样的1个花样9cm比较大，可
以改变针号进行调整。

腋下

在前身片的☆处引拔★

接着身片的☆处钩织★

衣袖①

后身片

身片①

⑯

⑮

⑩

⑤

①

①边缘编织

□ = 加线
▲ = 剪线

编织花样 育克

8针1个花样

6 6 6 6 5 5 5 5 4 4 4

6 6 5 5 4 4

5 4 3 2

1个花样

衣袖

接着钩织

前身片

02 贝壳花样圆育克开衫 图片 p.4

〈材料和工具〉
- ●用线　　SKI毛线 Tasmanian Polwarth 橘红色（7013）410g/11团
- ●钩针　　6/0号
- ●其他　　直径1.8cm的木制纽扣 7颗

〈成品尺寸〉胸围96cm，衣长56cm，连肩袖长75.5cm

〈编织密度〉10cm×10cm面积内：编织花样B 4.5个花样，10.5行

〈编织要点〉
编织花样　编织花样A通过增加贝壳针的长针数和锁针数逐渐放大单元花样。育克　在领窝锁针起针，在锁针的里山挑针，按编织花样A编织

28行后将线放置一边暂停编织。在后身片加入新线编织前后差，接着在左侧腋下钩18针锁针，在左前身片引拔后将线剪断。右侧腋下加入新线钩织锁针。身片　用暂停编织的线接着按编织花样B编织，再做下摆的边缘编织。衣袖　在腋下的中间加线，从育克、前后差、腋下挑针，按编织花样B环形编织。一边在袖下减针，一边编织至袖口的边缘。衣领、前门襟　衣领从起针处挑针，编织5行边缘。衣领完成后，接着从身片前端挑针编织左前门襟。右前门襟加入新线编织，一边编织一边在第2行留出扣眼。最后缝上纽扣。

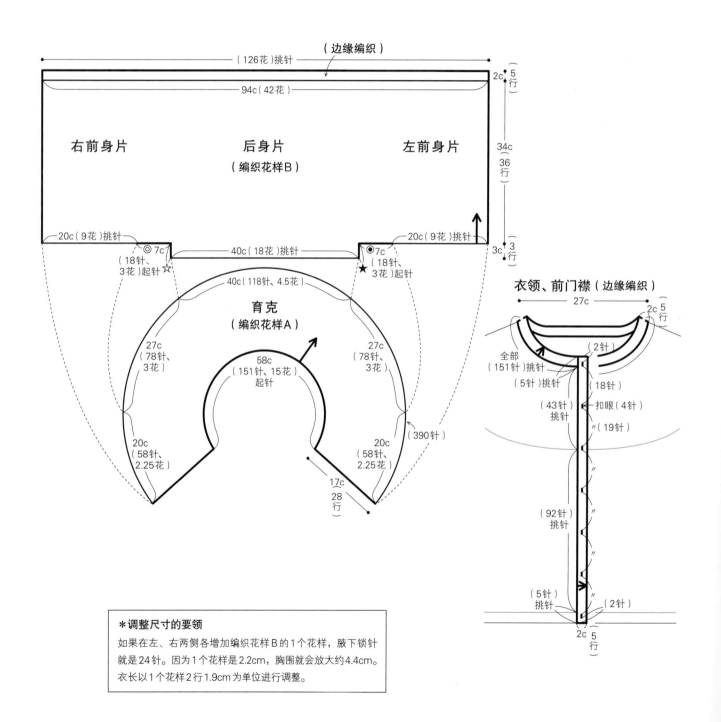

* 调整尺寸的要领

如果在左、右两侧各增加编织花样B的1个花样，腋下锁针就是24针。因为1个花样是2.2cm，胸围就会放大大约4.4cm。衣长以1个花样2行1.9cm为单位进行调整。

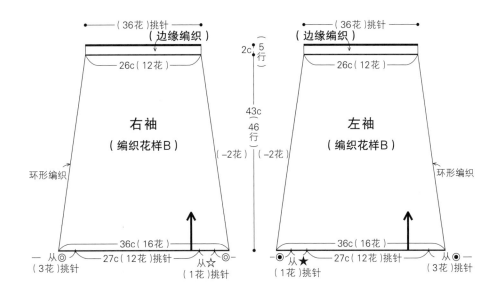

(36花)挑针 →
(边缘编织)

2c {5 行}

(边缘编织)
(36花)挑针 →

26c(12花)

43c {46 行}

右袖
(编织花样B)

环形编织

(−2花) (−2花)

左袖
(编织花样B)

环形编织

36c(16花)

从◎ — (3花)挑针

27c(12花)挑针

从☆ (1花)挑针

26c(12花)

36c(16花)

◉ 从★ (1花)挑针

27c(12花)挑针

从◉ — (3花)挑针

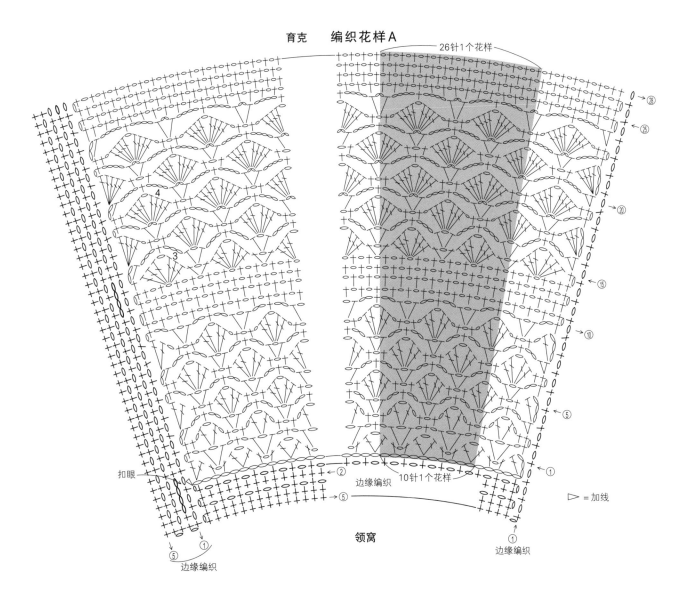

育克　编织花样A

26针1个花样

28
25
20
15
5
1

4

3

扣眼

边缘编织

10针1个花样

②
⑤

领窝

⑤
①

边缘编织

⑤

①

边缘编织

▷ = 加线

袖下

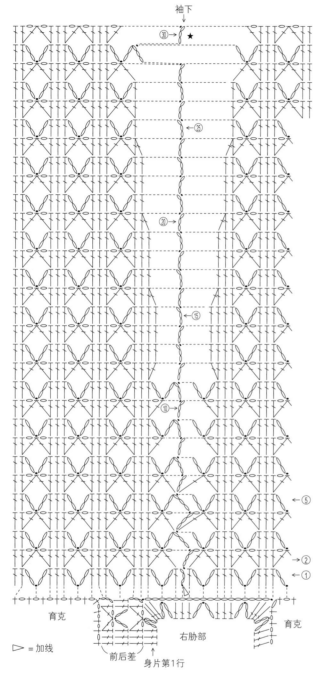

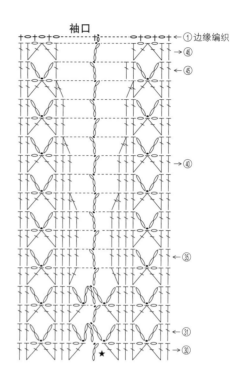

袖口

编织花样B

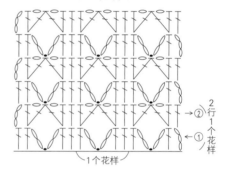

2行1个花样
1个花样

▷ = 加线

育克   右胁部   育克

前后差
身片第1行

从腋下挑针的方法和袖下的减针

边缘编织 下摆、衣领、前门襟

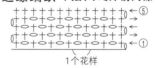

1个花样

袖口

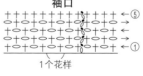

1个花样

74

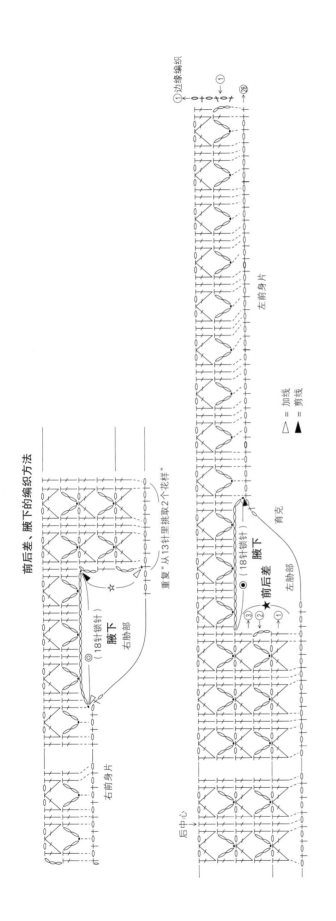

前后差、腋下的编织方法

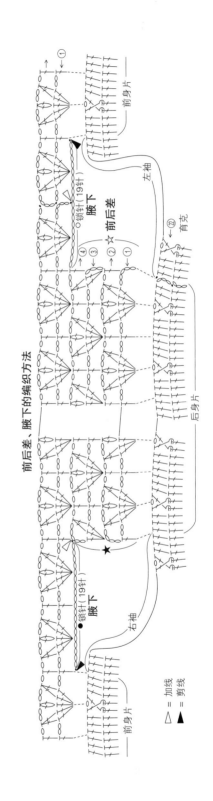

前后差、腋下的编织方法

03 拉针交叉花样圆育克罩衫 　图片 p.7

〈材料和工具〉

- 用线　　SKI毛线 Tasmanian Polwarth 深绿色（7020）425g/11团
- 钩针　　6/0号

〈成品尺寸〉胸围105cm，衣长57cm，连肩袖长49cm

〈编织密度〉10cm×10cm面积内：编织花样A（4针1个花样）24针，12行；编织花样B的2个花样7.5cm、B'的2个花样8cm、B"的2个花样8.5cm，均为10cm11行

〈编织要点〉

编织花样　编织花样A中"长针的正拉针的1针交叉"在前一行根部挑针后拉出足够长度，使其与普通的长针高度一致。育克　在领窝锁针起针后连接成环形，在锁针的里山挑针，按编织花样A编织。将起立针位置放在后身片的左侧。编织至第22行后，接着在后身片按编织花样B编织4行前后差。左侧腋下接着钩19针锁针，在前身片引拔后将线剪断。右侧腋下加入新线钩织锁针。身片　在腋下的中间加线，从腋下和育克挑针，按编织花样B每行改变方向环形编织。参照图示，按编织花样B、B'、B"编织，通过在B'、B"增加锁针的针数逐渐放大单元花样，接着钩织下摆的短针。衣袖　在腋下的中间加线，从育克、前后差、腋下挑针，按编织花样B、B'环形编织，接着钩织袖口的短针。衣领　从起针处挑针，钩织短针。

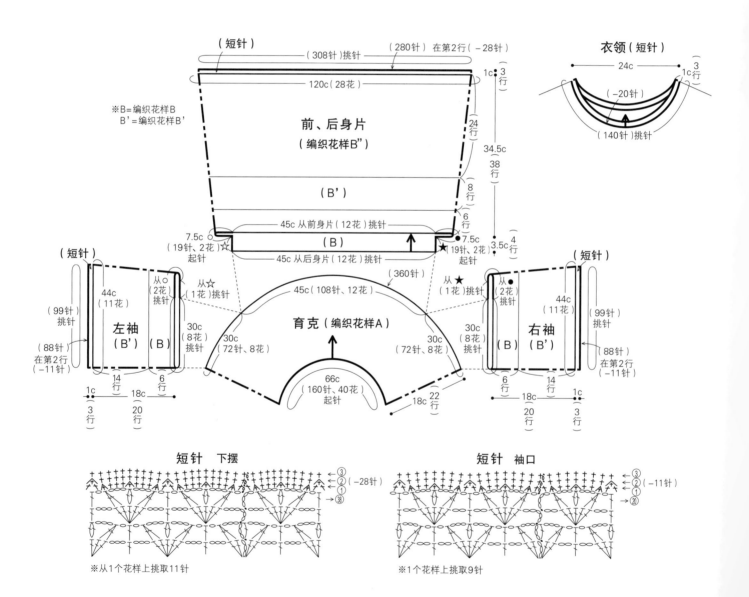

※前后差、腋下的编织方法　下转 p.75

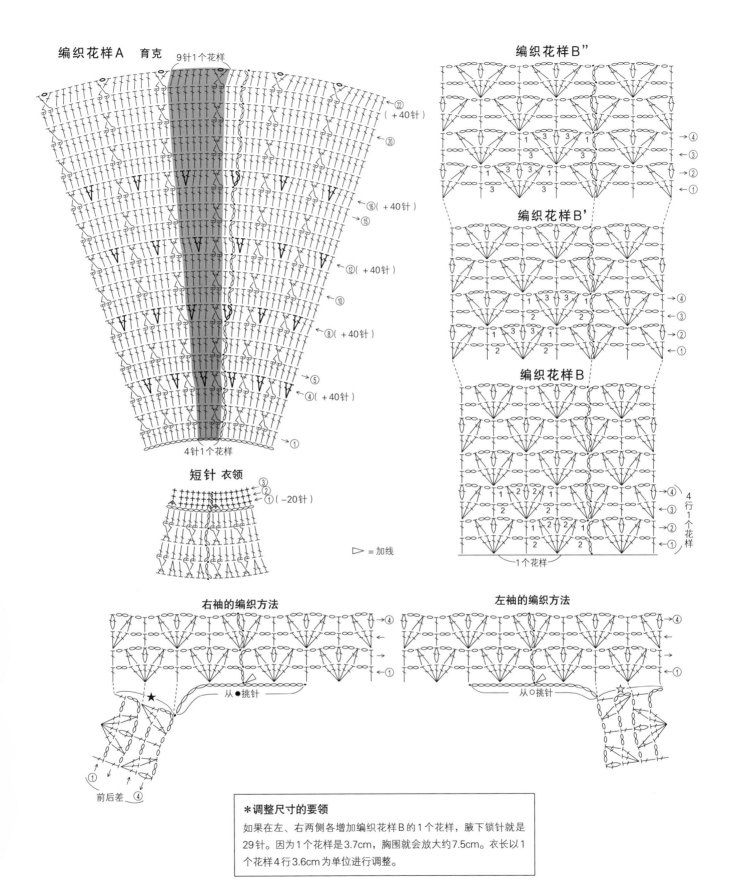

编织花样A 育克

9针1个花样

22 (+40针)
20
16 (+40针)
15
12 (+40针)
10
8 (+40针)
5
4 (+40针)
1

4针1个花样

短针 衣领

3
2
1 (-20针)

▷ = 加线

编织花样B″

4
3
2
1

编织花样B'

4
3
2
1

编织花样B

4
3
2
1

4行1个花样

1个花样

右袖的编织方法

4
1

前后差 ④

从●挑针

左袖的编织方法

4
1

从〇挑针

＊调整尺寸的要领

如果在左、右两侧各增加编织花样B的1个花样，腋下锁针就是
29针。因为1个花样是3.7cm，胸围就会放大约7.5cm。衣长以1
个花样4行3.6cm为单位进行调整。

04 镂空菱形花样蝴蝶袖毛衣 图片 p.15

〈材料和工具〉
● 用线　和麻纳卡 Flax C 柠檬黄色（109）325g/13团
● 钩针　3/0号
〈成品尺寸〉 均码，衣长42.5cm，连肩袖长54.5cm
〈编织密度〉 10cm×10cm面积内：编织花样B 25针，20行
〈编织要点〉
编织花样　编织花样A通过增加长针框内的网眼数量逐渐放大单元花样。身片　在领窝锁针起针后连接成环形，在锁针的里山挑针，按编

织花样A编织49行。将起立针位置放在左肩，分成衣袖、袖下和前、后身片。下摆　在身片胁部加入新线，从前、后身片挑针，按编织花样B环形编织。袖口　在袖下位置加入新线，从前、后身片挑针，按编织花样B环形编织。袖下　将前、后身片正面朝内对齐，钩织引拔针和锁针接合。衣领　从起针处挑针，编织边缘。

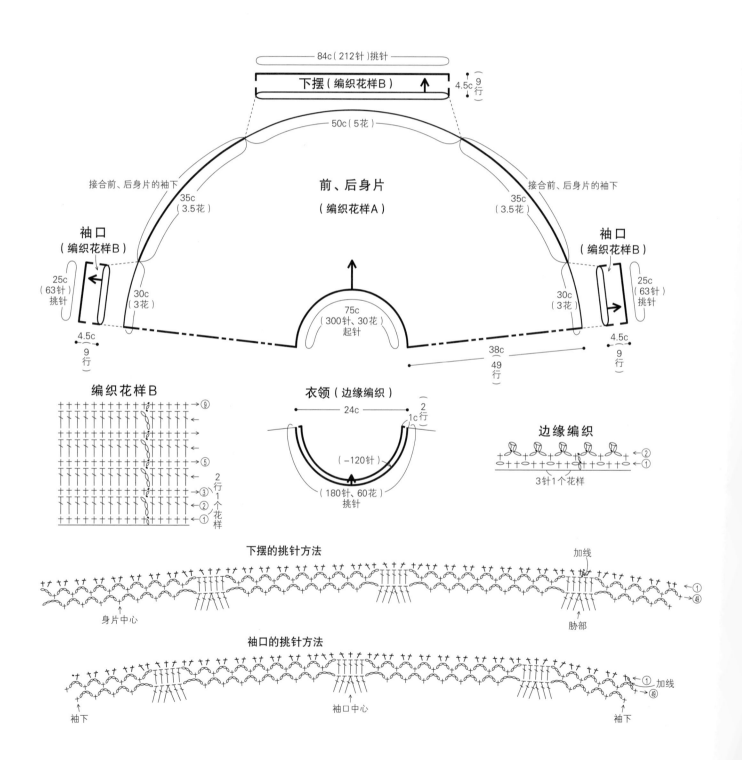

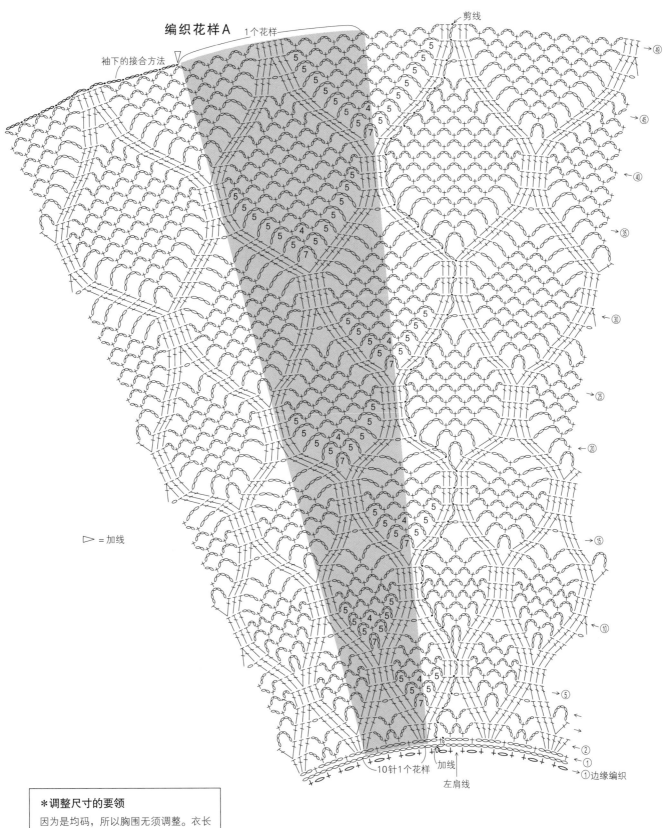

编织花样A

1个花样

袖下的接合方法

剪线

▷ = 加线

⑩
⑮
⑳
㉕
㉚
㉟
㊵
㊺

49
45
40
35
30
25
20
15
10
5

①边缘编织

10针1个花样

加线

左肩线

*调整尺寸的要领

因为是均码，所以胸围无须调整。衣长
在下摆的编织花样B做调整。以1个花
样2行1cm为单位进行调整。

79

06 小花花样圆育克开衫 图片 p.18

〈材料和工具〉
- ●用线　芭贝 Lucia 白色（401）260g/11团
- ●钩针　4/0号
- ●其他　直径1.3cm的纽扣 8颗

〈成品尺寸〉　胸围91cm，衣长49cm，连肩袖长55cm

〈编织密度〉　编织花样B的2个花样7.5cm，10cm9行

〈编织要点〉
编织花样　花样由长针和锁针构成，编织时整体尽量保持相同的松紧度。编织花样B的单元花样中各行有加减针。育克　在领窝锁针起针，在锁针的里山挑针，按编织花样A一边增加单元花样的针数一边编织至第15行，将线放置一边暂停编织。腋下在前身片与衣袖的交界处加线钩29针锁针，在后身片引拔后将线剪断。身片　用暂停编织的线从育克和腋下挑针，将前、后身片连起来按编织花样B编织。衣袖　在腋下的中间加线，从腋下和育克挑针，按编织花样B朝同一个方向环形编织。衣领　从起针处挑针，编织边缘。前门襟　从身片、育克、衣领挑针，钩织短针。右前门襟在第2行留出扣眼。

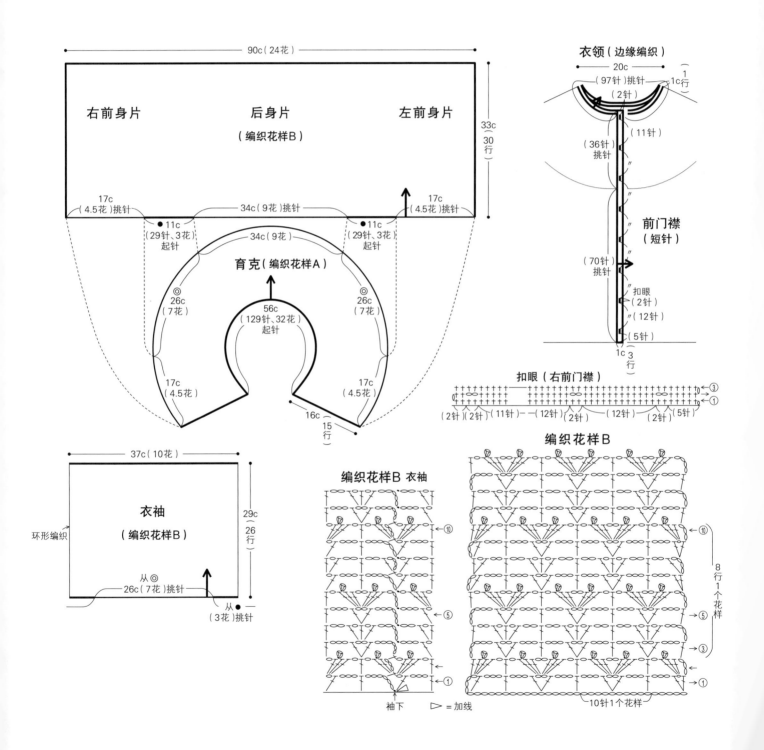

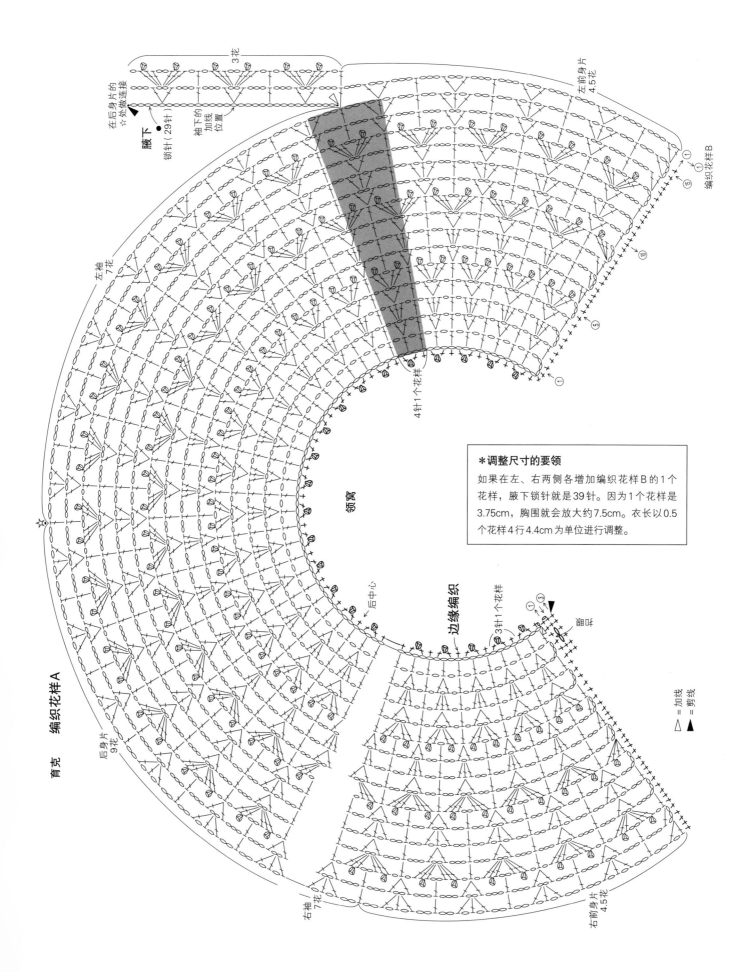

育克　编织花样A

3花

在后身片的
☆处做连接 ▲

腋下
锁针（29针） ●

袖下的
加线
位置

左前身片
4.5花

编织花样B

左袖
7花

后身片
9花

右袖
7花

右前身片
4.5花

后中心

领窝

边缘编织

4针1个花样

3针1个花样

剪线

＊调整尺寸的要领

如果在左、右两侧各增加编织花样B的1个
花样，腋下锁针就是39针。因为1个花样是
3.75cm，胸围就会放大约7.5cm。衣长以0.5
个花样4行4.4cm为单位进行调整。

▷◁ ＝加线
▲ ＝剪线

07 交襟插肩袖开衫 图片 p.29

〈材料和工具〉
- 用线　SKI毛线 风花 紫灰色（2012）345g/12团
- 钩针　5/0号

〈成品尺寸〉　胸围110cm，衣长53.5cm，连肩袖长63cm

〈编织密度〉10cm×10cm面积内：编织花样16针，12行

〈编织要点〉
编织花样　花样全部是长针，注意在前一行的针目与针目之间挑针钩织。前端的长针也不在前一行的针目里挑针，而是在边针与第2针之间挑针。育克　锁针起针，在锁针的里山挑针，按编织花样编织。一边在前端、插肩线、肩线加针一边编织28行，将线放置一边暂停编织。

腋下在指定位置加线钩18针锁针。身片　用暂停编织的线从育克和腋下挑针，一边在前端加针，一边将前、后身片连起来编织。腋下是在锁针的里山挑针。在第21行的右胁部制作穿绳孔，留出下摆边缘暂时不编织。前门襟、领窝　从身片接着钩3行短针。下摆　从前门襟接着做边缘编织。衣袖　从育克和腋下挑针编织，腋下是身片的针目与针目之间挑针。每行改变方向，一边在袖下减针一边环形编织。组合　钩织2条细绳。分别将细绳的编织终点缝在左、右前门襟的短针的反面。最后在身片左胁部钩织穿绳线圈。

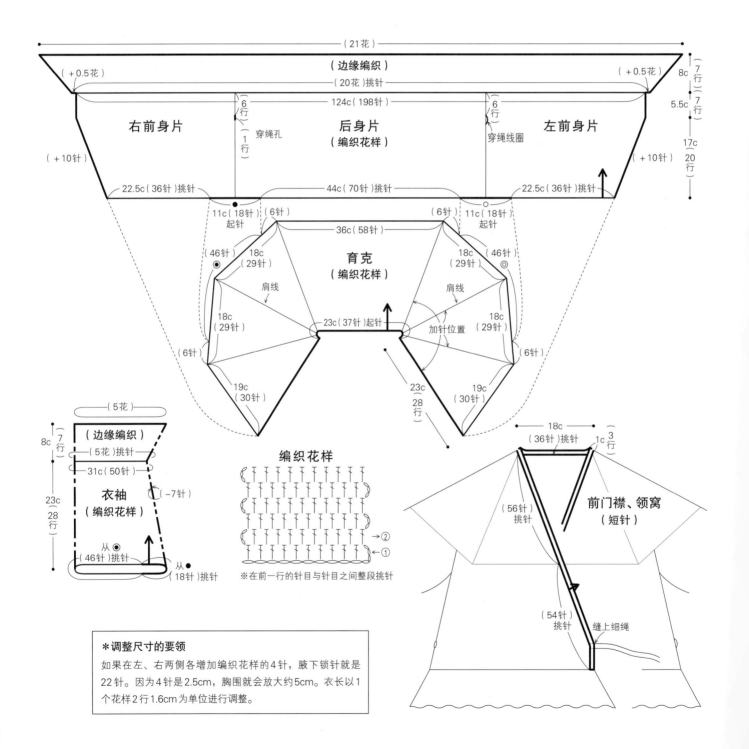

编织花样

※在前一行的针目与针目之间整段挑针

＊调整尺寸的要领
如果在左、右两侧各增加编织花样的4针，腋下锁针就是22针。因为4针是2.5cm，胸围就会放大约5cm。衣长以1个花样2行1.6cm为单位进行调整。

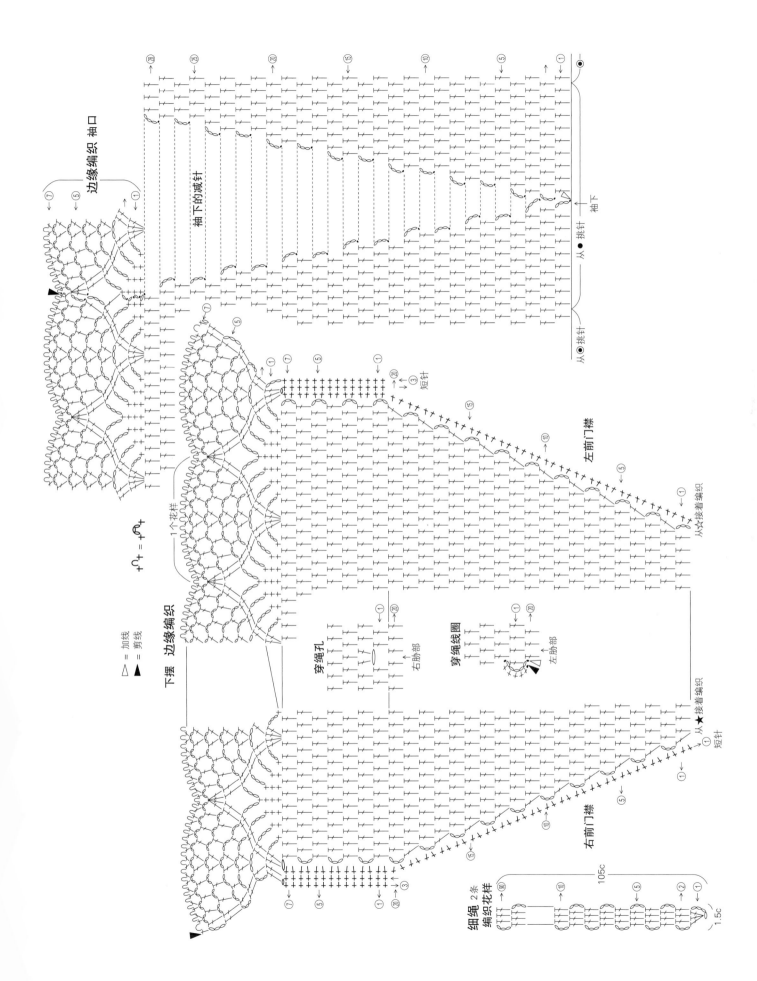

边缘编织 袖口

边缘编织

袖下的减针

□ = 加线
▲ = 剪线

下摆 边缘编织

1个花样

+∩+ = +⌒+

穿绳孔

→右胁部

穿绳线圈

→左胁部

左前门襟

右前门襟

从★接着编织

从★接着编织

短针

从●挑针

从●挑针

袖下

细绳 2条
编织花样

105c

1.5c

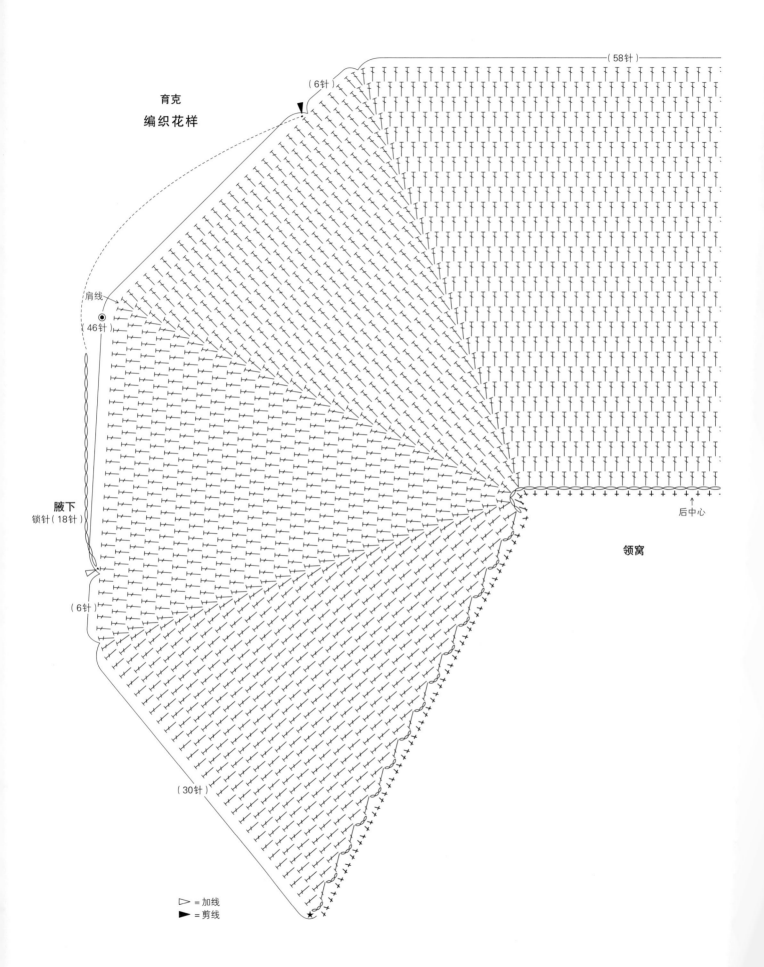

育克
编织花样

(58针)

(6针)

肩线

(46针)

腋下
锁针 (18针)

(6针)

后中心

领窝

(30针)

▷ = 加线
▶ = 剪线

84

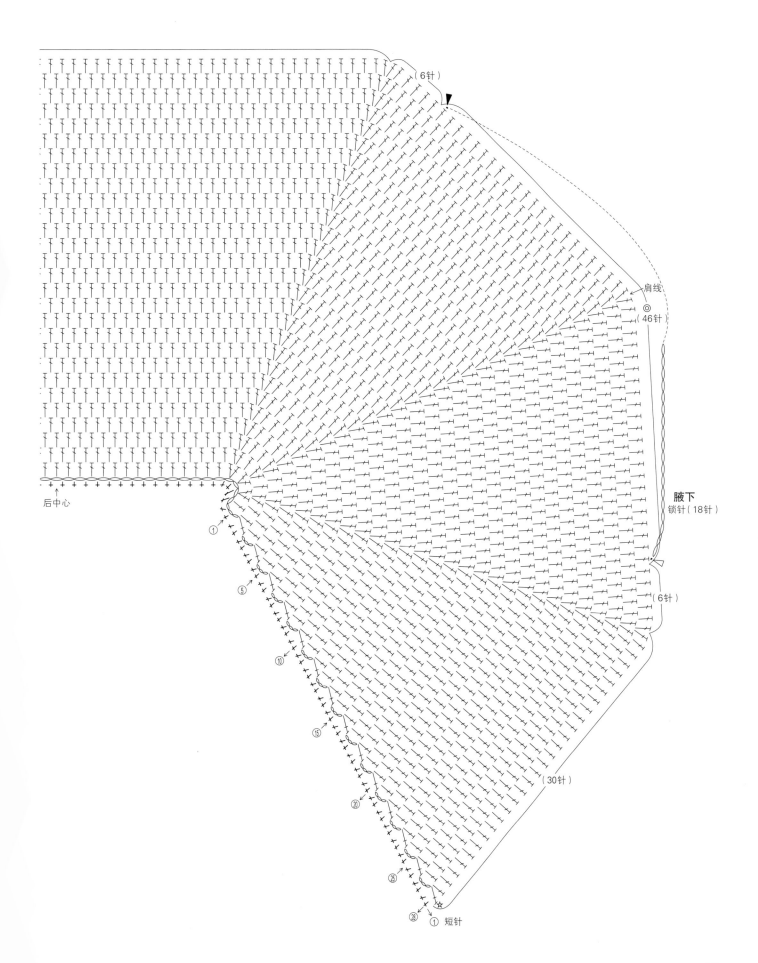

（6针）

肩线

（46针）

腋下
锁针（18针）

后中心

① ⑤ ⑩ ⑮ ⑳ ㉕ ㉘

（6针）

（30针）

① 短针

08 无袖圆育克毛衣 图片 p.30

〈材料和工具〉
- 用线　达摩手编线 Cotton & Linen Large 薄荷绿色（17）215g/5团
- 钩针　4/0号

〈成品尺寸〉胸围88cm，衣长57.5cm，连肩袖长22cm

〈编织密度〉10cm×10cm面积内：编织花样28针，12行

〈编织要点〉
编织花样　编织交叉针的行时，起立针位置向左侧移动。育克　锁针

起针后连接成环形，在锁针的里山挑针，按编织花样每行改变方向一边加针一边编织12行。将起立针位置放在后身片的左侧。身片　从育克接着在后身片编织10行前后差。前身片加入新线编织6行，接着钩织腋下的5针锁针，在后身片的边针里引拔。在后身片右端加线，钩织腋下的5针锁针，在前身片的边针里引拔。接着环形编织前、后身片。
袖口　从育克、前后差、腋下挑针，钩1行长针整理形状。

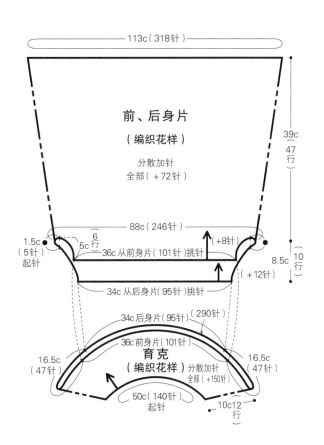

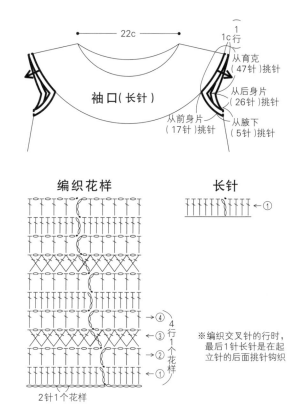

※编织交叉针的行时，最后1针长针是在起立针的后面挑针钩织

2针1个花样

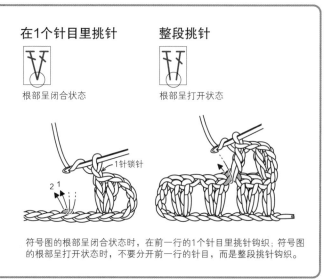

＊调整尺寸的要领
如果在左、右两侧各增加编织花样的3个花样，腋下锁针就是11针。因为1个花样是0.7cm，胸围就会放大约4.2cm。衣长以1个花样4行3.3cm为单位进行调整。请在加针结束后再增加行数。

在1个针目里挑针
根部呈闭合状态

整段挑针
根部呈打开状态

符号图的根部呈闭合状态时，在前一行的1个针目里挑针钩织；符号图的根部呈打开状态时，不要分开前一行的针目，而是整段挑针钩织。

腋下和前后差的编织方法

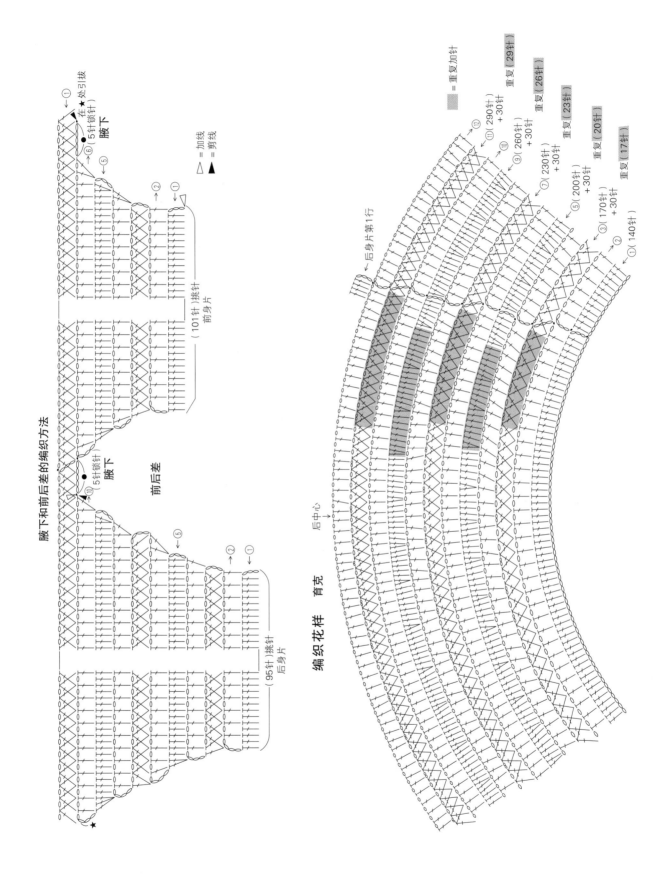

腋下

→①

处引拔

在★锁针

（5针锁针）

→⑥

⑤

□ = 加线

▲ = 剪线

→②

①

前身片

（101针）挑针

前后差

腋下

⑩（5针锁针）

⑤

后身片

（95针）挑针

★

编织花样 育克

后中心→

后身片第1行

⑫

⑪（290针）

⑩ +30针

⑨（260针）

⑧ +30针

⑦（230针）

⑥ +30针

⑤（200针）

④ +30针

③（170针）

② +30针

①（140针）

= 重复加针

重复（29针）

重复（26针）

重复（23针）

重复（20针）

重复（17针）

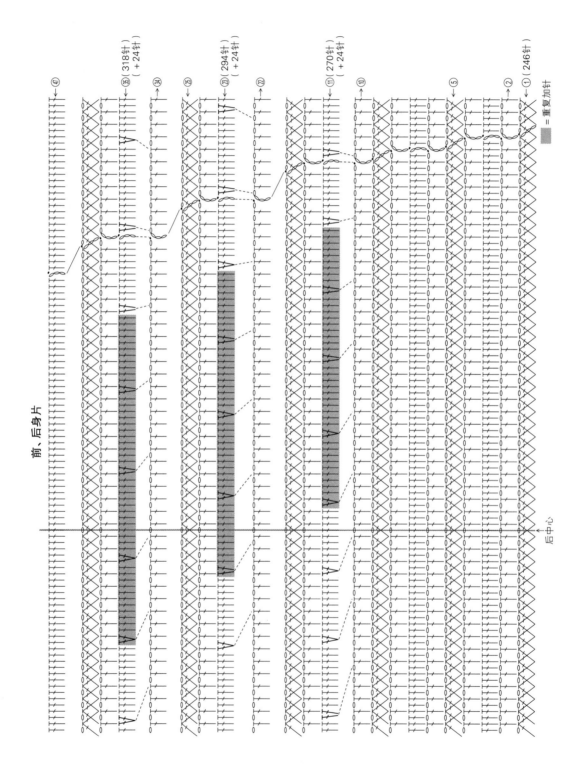

前、后身片

= 重复加针

㊵
㊳ (318针)
　 (+24针)
㉞
㉕
㉓ (294针)
　 (+24针)
㉒
⑪ (270针)
　 (+24针)
⑩
⑤
②
① (246针)

后中心

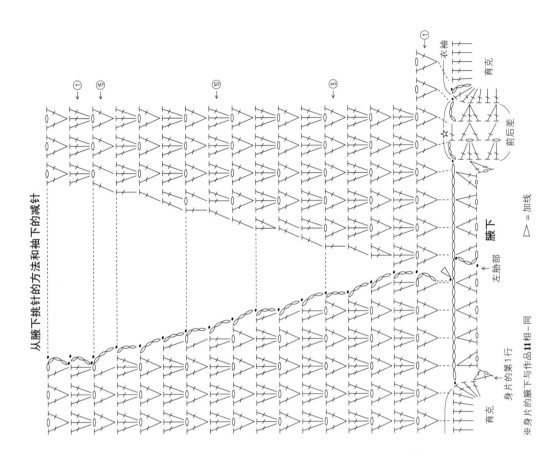

从腋下挑针的方法和袖下的减针

衣袖
育克
前后差
☆
腋下
← 左胁部
身片的腋下与作品**11**相一同
※身片的腋下与作品**11**相一同
育克
身片的第1行
▷ = 加线

身片的加针位置

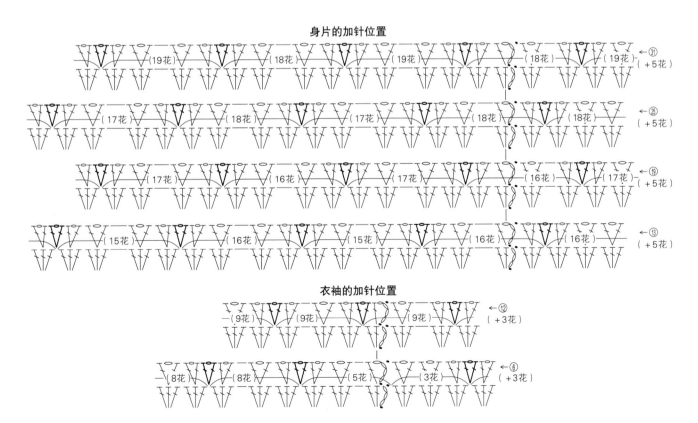

←㉛
(+5花)
(19花) (18花) (19花) (18花) (19花)

←㉕
(+5花)
(17花) (18花) (17花) (18花) (18花)

←⑲
(+5花)
(17花) (16花) (17花) (16花) (17花)

←⑬
(+5花)
(15花) (16花) (15花) (16花) (16花)

衣袖的加针位置

←⑫
(+3花)
(9花) (9花) (9花)

←⑥
(+3花)
(8花) (8花) (5花) (3花)

16 披肩领插肩袖开衫 图片p.53

〈材料和工具〉
● 用线　　达摩手编线 Superwash Merino 蓝色（2）600g/12团
● 钩针　　5/0号
● 其他　　直径2cm的纽扣 7颗
〈成品尺寸〉胸围94.5cm，衣长56.5cm，连肩袖长71cm
〈编织密度〉10cm×10cm面积内：编织花样A 20针，13行
〈编织要点〉
编织花样　长针的拉针注意根部不要钩得太短。育克　锁针起针，在锁针的里山挑针，按编织花样A开始编织。一边编织一边在两端加针形成前领窝的弧度，同时在插肩线位置加针，结束时将线放置一边暂停编织。腋下在前侧的插肩线位置加线钩织锁针，在后侧引拔后将线

剪断。身片　用暂停编织的线从育克和腋下挑针，将前、后身片连起来编织。接着下摆按编织花样B编织。衣袖　在腋下的后侧数第4针里加线，从腋下和育克挑针环形编织。一边在袖口起立针的两侧减针一边编织，接着袖口按编织花样B编织。前门襟　从前端挑针编织，在右前门襟的第4行留出扣眼。衣领　从前门襟和领窝挑针，钩1行短针整理形状后将线剪断。重新加线，接着按编织花样B编织，在第1行分散加针。从第2行开始，两端分别立起3针，一边在第4针里加针一边编织至第18行。

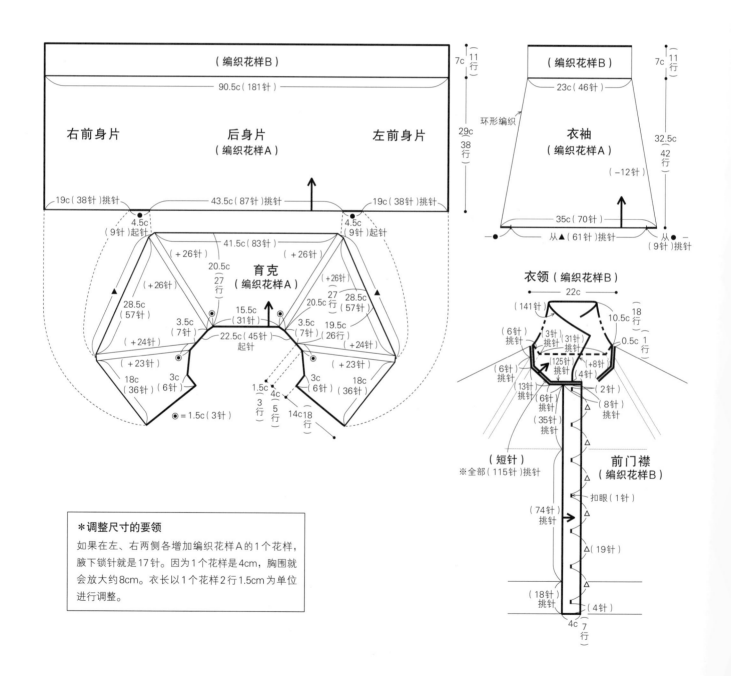

＊调整尺寸的要领

如果在左、右两侧各增加编织花样A的1个花样，腋下锁针就是17针。因为1个花样是4cm，胸围就会放大约8cm。衣长以1个花样2行1.5cm为单位进行调整。

编织花样B　衣领

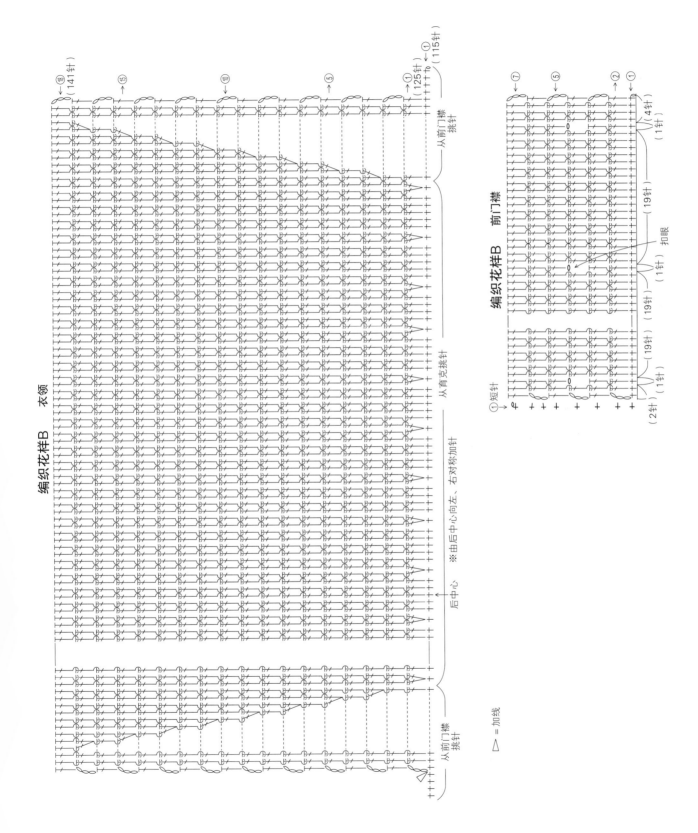

① (141针)
⑮
⑩
⑤
① (125针)
(115针)

从前门襟
挑针

从育克挑针

后中心 ※由后中心向左、右对称加针

从前门襟
挑针

编织花样B　前门襟

⑦
⑤
②
①

(4针)
(1针)
(19针)
扣眼
(1针)
(19针)
(19针)
(1针)
(2针)

①短针

□ = 加线

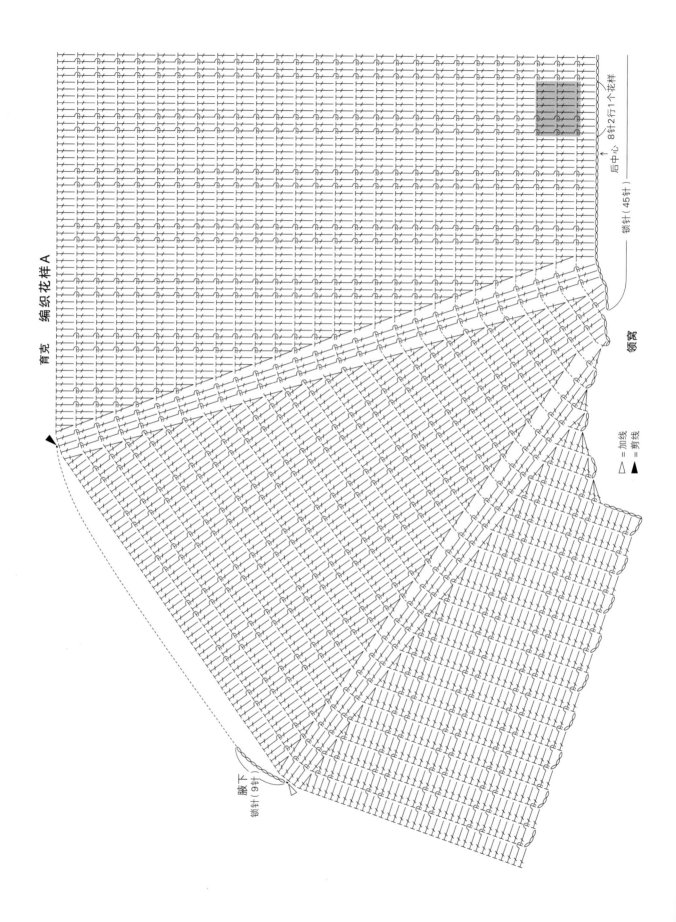

育克　编织花样A

↑后中心　8针2行1个花样

锁针（45针）

领窝

□ = 加线
▲ = 剪线

腋下
锁针（9针）

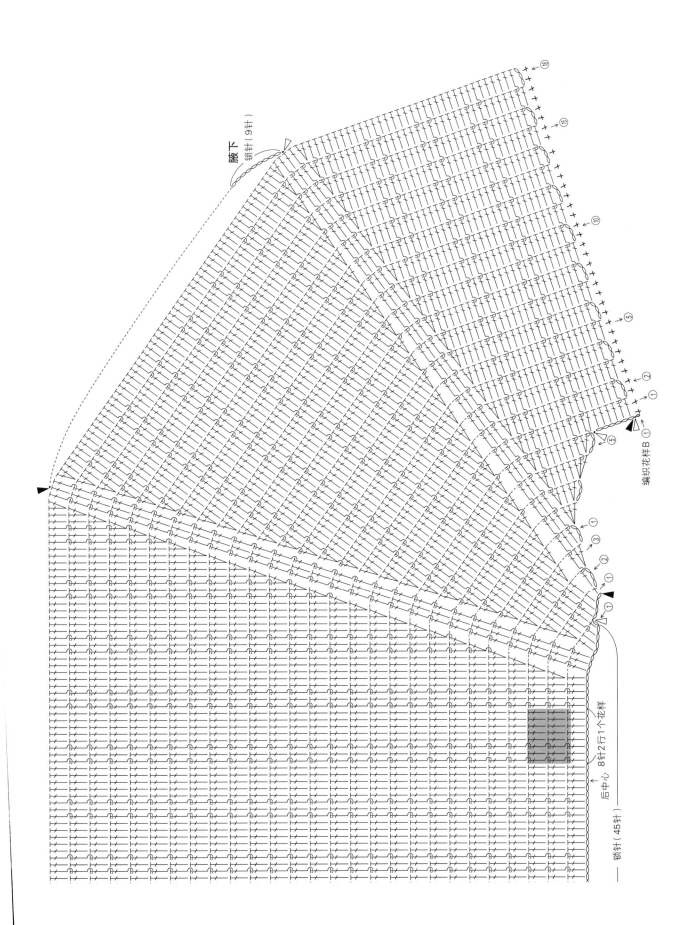

腋下（9针）

锁针

编织花样B ①

后中心 8针2行1个花样

锁针（45针）

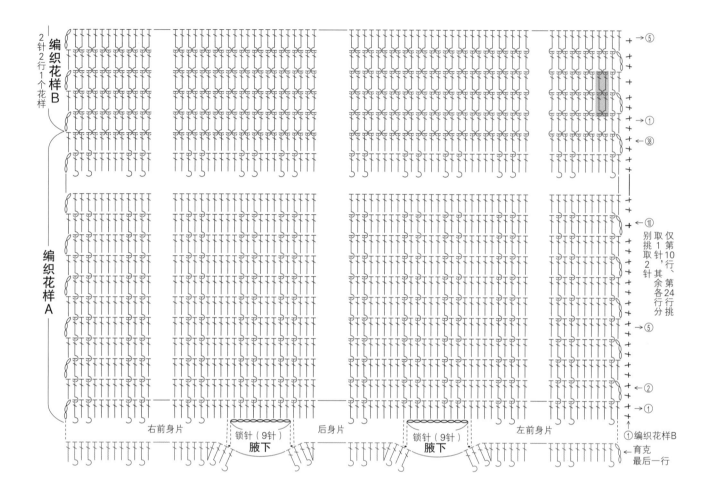

編織花樣B
2針2行1個花樣
2針

編織花樣A

右前身片　　　锁针（9针）　　腋下　　　后身片　　　锁针（9针）　　腋下　　　左前身片

→⑤
→①
→38

仅第10
行、第24
行各挑
分别挑
取2针
取1针
取1针，其余各行挑

→⑩

→⑤

←②
→①
①编织花样B

育克
最后一行

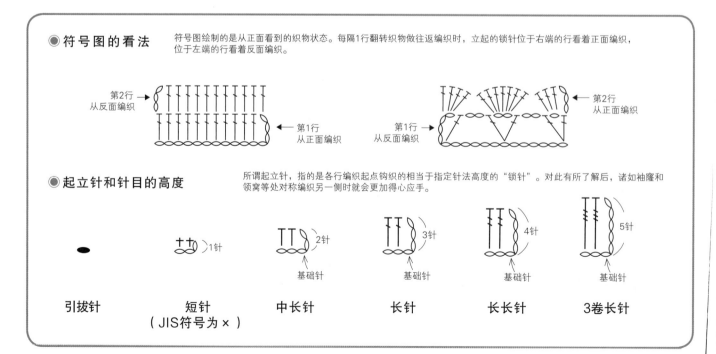

● **符号图的看法**　符号图绘制的是从正面看到的织物状态。每隔1行翻转织物做往返编织时，立起的锁针位于右端的行看着正面编织，位于左端的行看着反面编织。

第2行→
从反面编织

←第1行
从正面编织

第1行→
从反面编织

←第2行
从正面编织

● **起立针和针目的高度**　所谓起立针，指的是各行编织起点钩织的相当于指定针法高度的"锁针"。对此有所了解后，诸如袖窿和领窝等处对称编织另一侧时就会更加得心应手。

引拔针	短针（JIS符号为×）	中长针	长针	长长针	3卷长针
	1针	2针	3针	4针	5针
		基础针	基础针	基础针	基础针

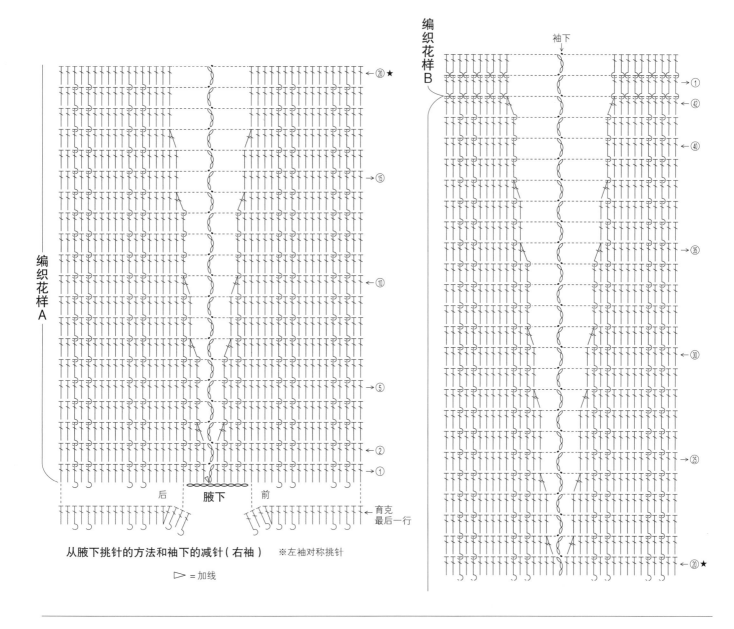

编织花样A

编织花样B

袖下

→①
←㊷
←㊵
→⑮
←㉟
→⑩
←㉚
→⑤
←㉕
→②
→①
←⑳★

←⑳★
→⑮
→⑩
→⑤
←②
→①

育克最后一行

后　腋下　前

从腋下挑针的方法和袖下的减针（右袖）　※左袖对称挑针

▷ ＝加线

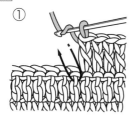

长针的正拉针

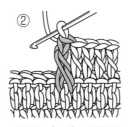

① 如箭头所示，将钩针从前面插入前一行针目的根部，钩织长针。

② 正拉针完成。前一行针目的头部出现在后面。

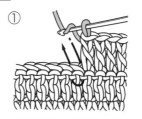

长针的反拉针

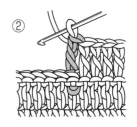

① 如箭头所示，将钩针从后面插入前一行针目的根部，钩织长针。

② 反拉针完成。前一行针目的头部出现在前面。

Neck kara amu Ichinenjuu no kagibariami (NV70428)

Copyright © NIHON VOGUE-SHA 2017 All rights reserved.

Photographers: Noriaki Moriya，Yuki Morimura

Original Japanese edition published in Japan by NIHON VOGUE Corp.

Simplified Chinese translation rights arranged with Beijing Vogue Dacheng Craft Co.，Ltd.

备案号：豫著许可备字 -2023-A-0044

图书在版编目（CIP）数据

从领口开始的钩针编织 / 日本宝库社编著；蒋幼幼译. -- 郑州：

河南科学技术出版社，2024. 8. -- ISBN 978-7-5725-1536-1

Ⅰ. TS935.521-64

中国国家版本馆CIP数据核字第2024EE9184号

出版发行：河南科学技术出版社

　　　　　地址：郑州市郑东新区祥盛街27号　　邮编：450016

　　　　　电话：（0371）65737028　　65788613

　　　　　网址：www.hnstp.cn

策划编辑：仝广娜

责任编辑：刘淑文

责任校对：刘逸群

封面设计：张　伟

责任印制：张艳芳

印　　刷：北京盛通印刷股份有限公司

经　　销：全国新华书店

开　　本：889 mm×1 194 mm　1/16　印张：6　字数：223 千字

版　　次：2024年8月第1版　2024年8月第1次印刷

定　　价：59.00元